梨病虫害诊治
原色图谱

LI BINGCHONGHAI ZHENZHI
YUANSE TUPU

主　编　楚燕杰
编著者　楚燕杰　李秀英　陈秀娟
　　　　王海娇　张利梅

科学技术文献出版社
SCIENTIFIC AND TECHNICAL DOCUMENTATION PRESS

内 容 提 要

本书全面、系统地介绍了梨病、虫害鉴别与无公害防治方面的知识。内容包括了危害梨的病、虫形态特征、为害特点、发生规律及无公害综合防治技术。本书内容新颖，图文并茂，以图为主，信息量大，既突出了农业和生物防治，也介绍了无公害化学农药防治技术，特点是每种病虫都配有多幅彩色图片，可供全国果树科技人员、植保人员、农林院校师生及广大果农参考使用。

科学技术文献出版社是国家科学技术部系统惟一一家中央级综合性科技出版机构，我们所有的努力都是为了使您增长知识和才干。

前 言

梨是我国北方地区栽培面积较大的水果之一。我国(不含台湾省)梨树栽培面积达1 014 740公顷，全国梨总产量8 412 413吨，主要分布在河北、辽宁、山东、陕西、甘肃、四川、云南、吉林等地，其栽培面积占全国梨树总面积的69.30%，其中河北、辽宁、山东3省居前3名，渤海湾产区梨树栽培面积和产量均居首位。受异常气候和栽培管理制度的影响，梨树病虫害发生较为复杂，常规病虫害发生面积逐步扩大，次要病虫害发生也呈上升趋势。在梨果生产中，普遍存在病虫害识别不准确、防治技术落后、农药使用不科学等问题，严重制约了梨产量和质量的提高，影响了梨树的栽培效益和市场竞争力。

为了实现安全、健康、无公害果品的生产，安全有效地防治和控制梨树病虫害的发生，本着服务于果农、服务于基层的原则，我们将梨园中常见的、主要病虫害，从病原、为害症状、发生规律和防治方法等方面进行了介绍，并配以彩色插图，以便于读者识别与判断。

由于编写时间紧、图片征集有限，加以知识水平所限，文中不足之处在所难免，恳请读者批评指正。

编著者

目录

第三章

总论

一、梨树栽培的经济意义

梨是我国人民最喜爱食用的水果之一，它肉质脆嫩多汁，酸甜可口，有的尚具有芳香，风味十分优美，其营养价值很高，不仅可供生食，且可制成梨酒、梨膏、梨脯、梨干、梨汁和罐头等。据分析，在100克可食部分中含：蛋白质0.1克，脂肪0.1克，碳水化合物12克，钙5毫克，磷6毫克，铁0.2毫克，胡萝卜素、硫胺素、核黄素各0.01毫克，尼克酸0.2毫克，维生素C 3毫克。这些成分是人体中不可缺少的营养物质。梨果还具有一定的医疗价值，据药典记载，梨果有帮助消化、润肺清心、止咳祛痰等功效，用梨果制成糖浆或冰糖炖梨等治疗咳嗽，效果较好。梨木亦是优良用材。梨是重要的出口果品，当前出口的品种达30余个，每年出口鲜果十余万吨。

梨的适应性强，南北各地，到处可以栽培。北起黑龙江，南至广东，西自新疆，东到沿海，全国各地，几乎到处都有梨树栽培，其栽培范围之广，为其他多种果树所不及。梨树寿命长，产量高，经济寿命可达30～80年，个别老树100～200年仍能继续丰产，株产千斤、亩产万斤的梨园，屡见不鲜。梨树产业，已经成为许多产区、许多果农的经济支柱。因此，发展梨树生产，对满足国内外市场的需要，促进国民经济的发展，都具有重要意义。

二、开展无公害果品生产的重要性

果品安全生产是各国生产者追求的目标，对此，果园综合管理（IFM或Integrated Pest Management，IPM），即综合应用栽培手段、物理、生物和化学方法可以将病虫害控制在经济可以承受的范围之内，从而有效地减少化学农药的用量。截止2002年，美国的水果100强生产企业（农场）中，94%采用IPM技术（其中70%减少化学农药的使用，63%采用益虫控制虫害，49%应用生物杀虫剂，24%生产有机果品）。日本在梨黑星病害的监测、经济阈限的确定等方面都采用计算机模拟，使得IPM决策更准确、更迅速，明显地减少了喷药次数。此外，为减少化学肥料的过量使用，许多国家采用平衡配方施肥技术，建立专家管理系统，指导生产，并工厂化生产安全清洁的有机肥，以达到降低生产成本、减少果园污染。近年来，中国等发展中国家也在大力推广无公害水果的生产技术，禁止高毒、高残留农药的生产与使用，以求获得符合卫生标准的安全果品。

三、次要病虫害上升为主要病虫害

目前我国梨病虫害的发生流行趋势是病虫种类不断增多，重大病虫害对我国梨产业的发展造成了极大的影响，真菌性采后病害和采后生理性病害在贮藏运销中危害十分严重，抗药性病虫突发成灾如梨白粉病近年来有加重趋势，已成为梨树主要病害。已发现有一些新的病虫害发生，有的是外来生物入侵如苹果蠹蛾、美国白蛾和二斑叶螨，有的是过去不成灾、现在成灾如黄粉蚜在套袋梨果上发生严重，梨瘿蚊近年在我国主要梨区均发生严重，造成严重的经济损失。有的是原来危害梨很少、而目前危害梨严重，如斜纹夜蛾、棉铃虫等，以往在梨树危害少见，现在有严重危害的趋势。

病虫的发生流行和危害，严重影响着梨树生产。据不完全统计，我国每年因病虫为害所损失的梨果约占全国梨总产量的20%～40%。且我国梨的栽培面积大，分布广，种类和品种繁多，病虫防控难度很大，是制约梨产业发展的瓶颈问题之一。因此，加强梨树的病虫害防治十分必要。

四、梨树病虫草害综合防治的主要策略

1．农业防治

栽植优质壮苗，是建园基础。通过加强肥水管理、合理控制负载措施保持树势健壮，提高抗病力。合理修剪，保证树体通风透光，恶化病虫发生条件。清除枯枝落叶，刮除树干老翘裂皮，翻树盘，剪除病虫枝果，减少病虫源，降低病虫越冬基数。不与苹果、桃等其他果树混栽，以防次要病虫上升为害。梨园周围5千米范围内不栽植桧柏，以防止锈病流行等。

2．物理防治

根据害虫生物学特性，采取频振式杀虫灯、糖醋液（红糖0.5千克、醋

1千克、水10千克，加少许白酒0.05千克）和树干缠草绳等方法诱杀害虫。

3. 生物防治

人工释放赤眼蜂，助迁和保护瓢虫、草蛉、捕食螨等昆虫天敌。应用青虫菌6号悬浮剂和Bt乳剂等有益微生物及其代谢产物防治病虫。利用昆虫性外激素诱杀或干扰成虫交配。

4. 化学防治

禁止使用剧毒、高毒、高残留农药和致畸、致癌、致突变农药。建议使用生物源农药和矿物源农药。提倡使用新型高效、低毒、低残留农药。科学合理使用农药。注意不同作用机理农药的交替使用和合理混用，以延缓病菌和害虫产生抗药性，提高防治效果。严格按照规定的浓度、每年使用次数和安全间隔期要求施用，施药均匀周到。

五、梨病虫害综合防治方案的基本要求

1. 调查明确梨园主要病虫害种类

具体到每一个地区甚至每一个梨园，由于地理环境和病虫害防治历史与现状及防治水平的差异，主要病虫害种类会有不同。因此，必须首先调查每个梨园病虫害的种类，确定哪些是常发性病虫害，哪些是偶发性病虫害，哪些病虫害需经常防治，哪些病虫害需要季节性防治。这样，有的放矢地围绕主要病虫害种类制定综合防治措施。

2. 调查明确梨园天敌种类

调查当地梨园虫害主要天敌的种类、种群数量、发生规律和对猎物的控制效能，确定保护和利用的具体措施。

3. 开展病虫害预测预报

梨园主要病虫害种类确定后，应对各种病虫害进行发生期和发生量的预测，根据病虫害的发生规律找出在本地区的具体发生时期和有利于防治的关键环节，确定最佳的防治措施。

4. 确定病虫害防治指标

确定防治指标涉及的因素包括梨果产量，病虫发生密度，防治成本等。我国在梨树病虫害的防治实践中，已总结出符合大部分地区的几种主要害虫的防治指标。这些防治指标在生产上正在发挥着作用，各地应依梨树管理情况和自已的经济承受能力，灵活运用。

5. 选用化学农药并确定施药时期

有针对性地适时用药,未达到防治指标或益虫与害虫比例合理的情况下不使用农药。根据天敌发生特点，合理选择农药种类、施用时间和施用方法，尽量避开天敌活动盛期施药，最大限度地保护天敌。

第一章

梨树病害

一、梨黑星病

梨黑星病又称疮痂病、雾病、黑霉病，是梨树重要病害之一，在世界各梨果产地均有发生，尤在种植鸭梨、白梨等高度感病品种的梨区，病害流行频繁，造成重大损失。梨黑星病主要危害梨树叶片和果实，常造成大量叶片提早脱落，严重削弱树势，不仅影响当年产量，而且影响翌年产量。果面布满黑色病斑，幼果脱落或畸形，影响果品质量。

1. 为害状

梨黑星病能危害梨树的各种绿色幼嫩组织。从落花后到果实成熟前，均可对梨树造成危害。

梨芽被害：芽的鳞片茸毛较多，后期表面产生霉层，严重时，芽鳞开裂，芽枯死。

新梢被害：翌年春天病芽长出的新梢，基部出现淡黄色不规则形病斑，不久表面布满黑色霉层，称之为“雾梢”或“雾芽梢”，后期病部凹陷，开裂，变成溃疡斑。生长期新梢受害，多在徒长枝或秋梢幼嫩组织上，形成淡黄色椭圆形或近圆形病斑，微隆起，表面有黑色霉层，后期凹陷，龟裂，呈疮痂状。

叶片被害：多在叶背主脉和支脉之间产生圆形或不规则形淡黄色小斑点，界限不明显，不久病斑上长出黑色至黑褐色霉状物，即病原菌的分生孢子梗和分生孢子，随后在霉状物相对应的叶片正面出现黄褐色病斑，危害严重时，多个病斑蔓延，相互融合成片，使叶背布满黑色霉层，造成提早落叶。

叶柄被害：叶柄上形成黑色椭圆形凹陷病斑，上面很快产生黑色霉层，影响叶片水分、养分运输，造成叶片早落，叶脉受害后，症状与叶柄上相似。

果实被害：生长前期和中期发病的果面，产生淡黄褐色圆形小病斑，扩大到5～10毫米后，条件适宜时，病斑上长满黑色霉层（病菌的分生孢子梗和分生孢子)，条件不适合时，病斑上不长霉层，病斑绿色，称为“青疔”，病部生长停止。随着果实增大，病部渐凹陷，木栓化，龟裂。严重时，果实畸形，果面凸凹不平，病部果肉变硬，具苦味，果实易提早脱落。生长后期发病，果面出现大小不等的圆形或近圆形淡黄绿色或淡褐色病斑，边缘不整齐，多呈芒状，稍凹陷，上面不生或略生稀疏黑色霉层。

花序被害：在花序基部或花梗

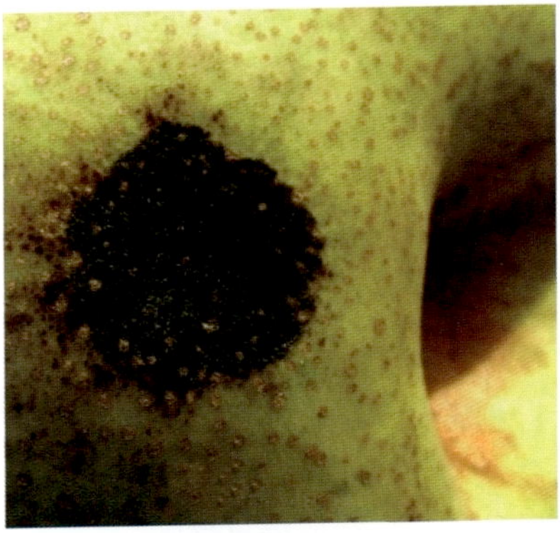

梨黑星病害果状

梨黑星病害果状

梨黑星病危害果实状

梨黑星病危害叶片状

梨黑星病危害新梢状

上形成病斑，上面产生黑色霉层，常引起花序枯萎和脱落，在我国中南部冬季温暖潮湿梨区，花序常发病。

2. 病原

为半知菌亚门梨黑星孢菌真菌 *Venturia pirinum Aderh*，为梨黑星病病菌的无性世代。有性世代为子囊菌亚门梨黑星病菌真菌 *Venturia nashicola Tanakaet Yamamoto*。

病菌的分生孢子在水滴中萌发良好，萌发的温度范围为2～30℃，以15～20℃为最适温度，高于25℃萌发率急剧下降。冬季落叶上形成子囊孢子，需要有一定降水和地面湿度，同时需要较暖的温度。

3. 发病规律

梨黑星病病菌主要在芽鳞或芽基部的病斑上以菌丝形态越冬，第2年，直接侵染新长出的幼嫩绿色组织，形成黑色霉层，形成雾芽梢，产生分生孢子，再侵染新长出的叶片和果实。分生孢子主要随雨水传播，通过气孔侵染。侵入温度最低为8℃，最适为20℃，最高为25℃。在适宜的温度、湿度条件下，病菌在48小时之内可完成侵入过程，潜伏期多为15～16 天。

4. 防治方法

（1）清除病源：①清除越冬病源。梨树落叶后，认真清扫，落叶、落果集中烧毁；冬季修剪时注意剪除带有病芽的枝梢；在以芽鳞上病斑或子囊孢子越冬的梨区，开花前后发现病花丛、叶丛时应及时剪除销毁。②生长季，在梨树落花后20～45天之内，多次认真检查抽生的新梢基部，发现病芽梢时及时从基部剪除，带到果园外销毁；摘除病果、病梢。梨树生长期及时检查，摘除病果及发病的秋梢。③药剂杀灭树上越冬病菌。在花期开始发病地区，应在梨树发芽前对树上喷洒1～3波美度石硫合剂，或45%晶体石硫合剂80～100倍液，或50%代森铵水剂1 000倍液，或在梨树发芽后开花前，树上喷洒12.5%烯唑醇可湿性粉剂2 000～3 000倍液，以杀灭病部越冬后产生的分生孢子。

（2）生长期药剂防治：生长期经常使用的保护性杀菌剂有80%代森锰锌可湿性粉剂(如大生、喷克等)800倍液，50%克菌丹可湿性粉剂400～600倍液，1∶2～2.5∶240倍式波尔多液。常用的内吸性杀菌剂有50%多菌灵可湿性粉剂600～700倍液，70%甲基硫菌灵可湿性粉剂800～1 000倍液，12.5%特谱唑(烯唑醇)可湿性粉剂2 000～2 500倍液，25%腈菌唑乳油4 000～5 000倍液，40%福星(氟硅唑)乳油8 000倍液，10%世高(苯醚甲环唑)水分散颗粒剂

6 000～7 000倍液。常用的预防性治疗剂有62.25%仙生(腈菌唑锰锌)600倍液等。在使用中应注意内吸性杀菌剂与保护性杀菌剂交替使用。波尔多液在梨的幼果期和多雨、阴湿梨园慎用，以防产生药害。

二、梨黑斑病

梨黑斑病是梨种植区广泛发生的一种世界性病害。早在1937 年有报道 *Alternaria alternata (Fries) Keiseler* 能够引起梨的黑斑病，亚洲的韩国、日本及我国梨黑斑病发生非常严重。近年，法国也发现有梨黑斑病的发生与危害。

1. 为害状

该病主要侵染果实、叶片和新梢。幼叶最早发病，严重时病叶上病斑连片，叶片皱缩畸形并枯焦脱落。果实受害，病斑处产生龟裂，易引起早期落果。感病果实无商品价值。新梢上病斑椭圆形，稍凹陷，边缘产生细小裂缝。梨芽受害后，多变黑枯死，造成严重的经济损失。导致梨树秋季提前落叶，出现二次开花，造成梨树第2年的产量下降，果农经济效益明显降低。梨树黑斑病主要危害梨果和叶片、新梢，造成大量病果和提早落果。

梨黑斑病危害状

梨黑斑病危害枝梢状

梨黑斑病危害果实状

梨黑斑病病果

梨黑斑病感染叶片状

梨黑斑病引起裂果

梨黑斑病感染叶片

2. 病原

为半知菌亚门链格孢属，菊池链格孢菌 *Alternaria kikuchiana* Tanaka.

3. 发病规律

梨黑斑病病菌以分生孢子及菌丝体在病枝梢、病芽及芽鳞、病叶、病果上越冬。翌年春天产生分生孢子，借风雨传播。经过气孔、皮孔侵入寄主组织内，造成初次侵染发病，随后新老病斑上不断产生分生孢子，而造成多次再侵染、发病。

一般年份在4月下旬至5月初，平均温度13～15℃时，叶片开始出现病斑，5月中旬开始增加，6月多雨季节病斑急剧增加。5月上旬果实上开始出现病斑，6月上旬病斑渐多，6月中旬后果实开始龟裂，6月下旬病果开始脱落，7月下旬至8月上旬病果脱落最多。

病菌生长最适温度为20～30℃，最高36℃，最低10～12℃。最适pH值5.9。在5℃左右病菌也能缓慢地生长，所以梨果在贮藏期病斑也能缓慢发展。病菌孢子形成的最适温度与菌丝发育最适温度基本相同。

4. 防治方法

梨黑斑病防治，应采取综合防治措施，在加强栽培管理，提高树体抗病能力的基础上，结合清园消灭越冬菌源，生长期结合病情及时喷药，防止病害蔓延成灾。

(1) 做好清园工作：在梨树萌芽前，剪除树上有病枝梢，清除果园内落叶、落果，集中深埋或烧毁，消灭越冬菌源。

(2) 果实套袋：套袋可以保护果实免受病菌的侵害，减少黑斑病的病果率。但黑斑病菌的芽管能穿透一般纸袋，所用纸袋应该混药或用石蜡、桐油浸渍后晾干再用。

(3) 药剂防治：春季梨树发芽前，枝干上喷洒10%甲硫酮(果优宝)100～150倍液，或3～5波美度石硫合剂，杀灭树上的越冬病菌。

在河北省、山东省、北京市日韩梨栽培较多的地区，结合防治其他叶果病害，在梨树落花后和梨果套袋前喷洒杀菌剂2～3次。之后，在6月中下旬及7月至9月降雨较多时，再喷药3～4次，防治叶部病害。常用防治药剂有10%宝丽安(多抗霉素)可湿性粉剂、50%扑海因(异菌脲)可湿性粉剂1 000～1 500倍液，80%代森锰锌可湿性粉剂800～1 000倍液，65%代森锌可湿性粉剂500倍液，3%多抗霉素400～500倍液，50%腐霉利(速克灵)可湿性粉剂1 000～1 200倍液。

三、梨轮纹病

梨轮纹病主要危害梨树枝干和果实。危害枝干的轮纹病也叫梨树粗皮病、瘤皮病，危害果实的，也叫梨果实轮纹病或梨轮纹烂果病。梨轮纹病是我国梨树上的重要病害。该病在各梨区均有发生，近年来各地发病有加重的趋势，日本梨系统品种发病尤为严重。

1. 为害状

枝干：发病后造成树皮皮孔增生，形成病瘤，病瘤和周围树皮坏死，极为粗糙，有的深达木质部，影响树体的养分和水分运输和贮藏功能，明显削弱树势，重者死枝死树。

果实：多在果实近成熟时或贮藏期表现出症状。果实皮孔稍许增大，皮孔周围形成黄褐色或褐色小斑点，有的周围有红色晕圈，微凹陷。病斑扩大后，表皮外观形成颜色深浅相间的同心轮纹，并渗出红褐色黏稠状汁液，皮下果肉腐烂呈褐色果酱状。在室内常温下，烂得非常快，几天内果实全部烂掉，流出茶褐色黏液，发出酸腐气味，最后干缩成僵果，表面密生黑色小粒点，为病菌的分生孢子器。

叶片：在叶片上形成近圆形或不规则形褐色病斑，微具同心轮纹，后逐渐变为灰白色，并长出黑色小粒点(病菌分生孢子器)，同一片叶发生许多病斑时，常使叶片焦枯、脱落。

梨轮纹病危害示意图

1. 侵染枝干　2. 侵染叶片　3. 侵染果实

梨轮纹病侵染枝干

梨轮纹病危害果实

2. 病原

为半知菌亚门大茎点属真菌 *Macrophoma kawatsukai* Haru。

3. 发病规律

病菌以菌丝体和分生孢子器在病部越冬，为翌年的初侵染源。在山东莱阳梨区，4月下旬至5月上旬降雨后，就开始散发分生孢子，6月中旬至8月中旬为散发盛期。田间散发的分生孢子随风雨传播，传播距离多为5～10米范围，10米以上明显减少，在风雨较大时，也可传播到20米以上。随风雨传播的分生孢子，着落在有水膜的幼嫩枝条和果实上，在合适的温度下经过一定时间后发芽，从枝条或果实的气孔及未木栓化的皮孔侵入。

轮纹病病菌侵入果实的时间，多从落花后2周左右开始，至7月中旬为侵染率较高时期，7月下旬至8月中旬渐少，8月中旬后很少再有侵染。病菌侵入后在皮孔的周皮中以菌丝形态潜伏下来，待果实近成熟时才开始扩展发病。

4. 防治方法

对于梨树轮纹病的防治，应采取综合配套措施，才能取得明显防治效果。

(1) 清除病源：春季梨树萌芽前结合清园扫除落叶、落果，剪除病梢、枯梢，集中烧毁；梨树萌芽前后至春梢旺盛生长期，刮除大枝干上的轮纹病病瘤及周围干死病皮，如刮得较干净可以不用涂药，以防发生药害。也可直接对病皮范围涂抹10%果康宝(福美胂)膜悬浮剂20倍液，或2.2% 843康复剂原液(腐殖酸铜)，使病部消毒和促进长出新的愈伤组织。

(2) 加强栽培管理：轮纹病病菌是一种弱寄生菌，在树体生活力旺盛时，枝干病害很轻，因此要加强梨园的土、肥、水管理，科学使用化肥，适当结果，保持树体健壮，提高抗病能力。

(3) 药剂防治：春季果树发芽前，全树喷洒10%果康宝膜悬浮剂100～150倍液，或3～5波美度石硫合剂，铲除枝条上小病斑中的轮纹病菌，减少树长大后大病斑发生的数量。同时兼治枝干上的黑斑病、黑星病、腐烂病等。在落花后10～15天喷洒1次杀菌剂。在病菌大量传播、侵染梨果的5月至8月，结合防治其他梨果病害，根据降雨情况每隔15天左右喷洒1次杀菌剂。常用杀菌剂有50%多菌灵可湿性粉剂600～800倍液，70%甲基硫菌灵可湿粉性粉剂800～1 000倍液，80%进口代森锰锌可湿性粉剂800倍液，10%世高水分散颗粒剂2 000～2 500倍液，7.2%甲硫酮300～400倍液。在果实生长中后期，还可使用1∶2.5～3∶240倍式波尔多液。

(4) 果实套袋：在生长高档果的梨园，梨树生理落果后，可对果实进行套袋，对减少梨果轮纹烂果病效果明显，同时能减少梨果的农药残留。

四、梨炭疽病

梨炭疽病主要是危害果实，造成梨果腐烂。在吉林、辽宁、河北、河南、山东、山西、陕西、江西、安徽、江苏、浙江等省梨区均有发生。除梨之外，还危害苹果、葡萄等许多种果树。

1. 为害状

果实：多在生长后期发病。发病初期，果面上出现淡褐色水渍状小圆点，后逐渐扩大，色泽加深，软腐凹陷。病斑表面颜色深浅相同，具明显同心轮纹。病皮下，形成无数小粒点，略隆起，初褐色，后变黑色，排成同心轮纹状，为病菌的分生孢子盘。在温暖潮湿条件下，分生孢子盘突破表皮，涌出粉红色黏质物，为病菌的分生孢子。病斑不断扩大，从果肉烂到果心，烂果肉呈圆锥形腐烂。烂果肉褐色，有苦味。

梨炭疽病危害状

梨炭疽病危害成熟梨果状

枝干：病菌在梨树枝条上营腐生生活。多发生在枯枝或病虫枝与长势衰弱枝条上，形成深褐色、圆形小斑，后发展成椭圆形或长条形，病斑中间干缩凹陷，病部皮层与木质部易分离，变黑枯死。

叶片：梨炭疽病偶尔也危害叶片，在叶片正面产生褐色圆形病斑，

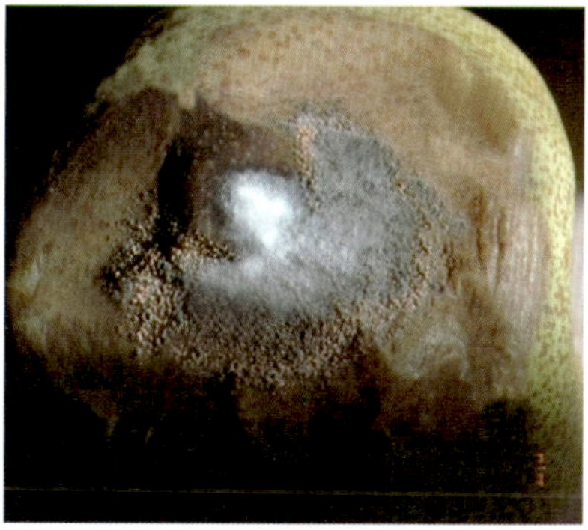

梨炭疽病侵入状

梨炭疽病病果症状

后变成黑色，常具同心轮纹，严重时互相融合，成为不规则形褐色斑块，上生黑色小粒点，天气潮湿时，产生红色黏液。

2. 病原

属半知菌亚门真菌，炭疽菌属胶孢炭疽菌 *Colletotricum gloeosporioides(Penz.) Sacc*。

3. 发病规律

病菌以菌丝体和分生孢子器在病僵果、枯枝或病叶上越冬。翌年温度适当时，产生大量分生孢子，借风雨或昆虫传播。从果、叶表皮直接侵入，引起初侵染，再以病果为中心，呈伞状向下和周围蔓延，以后发病的果都能形成新的侵染中心，不断蔓延，直至采收。

病菌的生长温度为9～33℃，最适温度25～28℃。病害的发生和流行与降雨有密切关系，4月至5月多阴雨发病早，6月至7月阴雨连绵则发病重。地势低洼、果园积水、树冠郁闭、通风透光不良及树势弱、病虫防治不力造成落叶等的梨园发病重。

4. 防治方法

(1) 加强栽培管理：改良土壤，增施有机肥，合理修剪，及时防治病虫，注意果园积水及时排除，防止果园草荒。

(2) 清除病源：冬季结合修剪，剪除干枯枝、病虫危害的破伤枝，清扫病僵果、病落叶，集中烧毁。梨树发芽前结合防治其他病害喷布10%果康宝膜悬浮剂100倍液，或3～5波美度石硫合剂。

(3) 果实套袋：果实套袋是防治梨果炭疽病最有效的方法，套袋前应注意对果面喷洒1～2次内吸性杀菌剂。

(4) 药剂防治：从5月下旬或6月上旬开始，结合防治果实轮纹病、黑星病，进行药剂兼治。往年果实炭疽病重的梨园，采用侧重防治炭疽病专用药剂25%溴菌清(炭特灵)可湿性粉剂300～500倍液，或50%退菌特可湿性粉剂600～800倍液。

(5) 低温贮藏：采收后在0～15℃低温贮藏可抑制病害发生。入库前剔除病果、注意控制库内温度，特别是贮藏后期温度升高时，应加强检查，及时剔除病果。

五、梨锈病

梨锈病又名赤星病、羊胡子，是梨树和桧柏树的重要病害，在全国各梨区均有发生。特别是近10多年来，随着城市、公路绿化和梨园面积的发展，桧柏树及梨树栽植范围和数量逐年扩大，梨锈病的危害范围和程度明显加重。

梨锈病除危害梨树外，还能危害山楂、棠梨、贴梗海棠、木瓜等，梨锈病病菌的转主寄主为松柏科的桧柏。

1. 为害状

梨锈病主要危害梨树叶片和新梢，严重时也会危害果实。

叶片：开始在叶正面产生橙黄色、有光泽的小斑点，以后逐渐扩大为圆形病斑，边缘淡黄色，最外层有1圈黄绿色晕圈，病斑出现后1个月左右，表面密生针尖大小橙黄色小粒点，之后叶片上病组织逐渐肥厚，叶背面隆起，正面略凹陷，并在隆起部位长出黄褐色毛状物，为病菌的锈孢子器。病斑以后逐渐变黑。叶片上病斑较多时，叶片往往提早脱落。

幼果：早期病斑与叶片上的相似，病部稍凹陷，病斑上密生橙黄色小粒点，后变成黑色。发病后期，表面出现黄褐色毛状锈孢子器。病果生长停滞，往往畸形早落。

新梢、果梗和叶柄：症状与果实上的大体相同。病部稍肿起，初期病斑上密生性孢子器，以后长出毛状锈孢子器，最后发生龟裂。叶柄、果梗发病，常造成落叶落果。新梢发病，常造成病部以上枝条枯死，易被风折断。

转主寄主桧柏：起初在针叶、叶腋和嫩枝上形成淡黄色斑点，以后稍隆起。翌年春季的3月至4月病部表皮逐渐破裂，长出咖啡色或红褐色圆锥形的角状物，单生或数个聚生，为病菌的冬孢子角。小枝上出现的冬孢子角较多，老枝上有时也出现冬孢子角。春天降雨后，冬孢子角吸水膨胀，变为橙黄色舌状的胶状物，内含大量冬孢子，此现象称为冬孢子角胶化。胶化的冬孢子角干燥后，缩成表面有皱纹的污胶物。感病桧柏的针叶、小枝逐渐变黄、枯死，脱落。

梨锈病危害叶片

梨锈病危害状

梨锈病，在背面生出黄褐色毛状物

2. 病原

梨锈病是由担子菌亚门真菌，梨胶锈菌 *Gymnosporangium haracannum* Syd.危害所致。

3. 发病规律

病菌只有性孢子、锈孢子、冬孢子、担孢子阶段，而缺少夏孢子阶段，所以梨锈病不会再侵染，1年只能发病1次。而且需要在2类寄主上危害才能完成全部生活史，继续生存下来。

病菌以多年生菌丝体在常见的桧柏等树上病组织中越冬。春天3月至4月气温适宜时开始形成冬孢子角，冬孢子萌发后产生有隔膜的担子，上面产生担孢子。担孢子随风雨传播，在梨树展叶、开花至幼果期间，担孢子落在嫩叶、新梢、幼果上，在适宜温度和湿度条件下，发芽产生侵入丝，直接侵入表皮组织内。经过6～10天，叶正面出现黄色病斑，潜育期为7天左右。秋季形成锈孢子，锈孢子不能继续危害梨树，而是随风传播，侵害一定距离的转主寄主桧柏等松柏科的一些林木上，危害其嫩梢和新梢，并在桧柏等林木上以菌丝形态越冬。翌年春天，越冬菌丝上又形成冬孢子角，在桧柏树上形成冬孢子和担孢子，开始又一轮的危害。

4. 防治方法

(1) 药剂杀灭桧柏树上病菌：在桧柏树距梨园较近时(2.5千米之内)，早春降雨前后，注意检查和剪除桧柏树上的冬孢子角和胶化成棕黄色鸡冠状的冬孢子堆，以防形成担孢子，向梨树上传播。在梨树开始展叶时，如有降雨特别是连阴雨天前后，应对桧柏树喷2～3波美度石硫合剂，或20%粉锈宁(三唑酮)乳油1 500倍液，及时铲除胶化的冬孢子角及产生的担孢子。10天左右喷1次，连喷2次。

(2) 梨树生长期药剂防治：春天在梨树开始展叶至梨树落花后20天，阴雨天时，应对梨树喷药防治。常用药剂有20%粉锈宁乳油1 500～2 000倍液，12.5%烯唑醇可湿性粉剂2 000～3 000倍液，40%腈菌唑4 000～5 000倍液，65%代森锌可湿性粉剂500倍液，80%代森锰锌可湿性粉剂800～1 000倍液，15天喷洒1次，共喷2～3次。波尔多液也有一定效果，但易对梨幼果产生药害，造成果面粗糙。

(3) 砍除桧柏：在梨锈病的转主寄主中，桧柏树最容易感染锈病，是病菌的主要转主寄主。所以，在重要的梨产区仅有零星桧柏栽种时，应砍掉桧柏树。在重要风景区桧柏树栽种较多时，发展梨园应注意选用抗病品种和较抗病品种。

六、梨树根腐病

危害梨树根部的真菌性病害主要有根朽病、紫纹羽病、白纹羽病和白绢病，统称根腐病。在老梨树和立地条件差、管理粗放梨园较常见。一般影响树体生长发育，发生严重时造成死树。

1. 为害状

根朽病： 局部枝条上叶片变小，发黄，果个小，果味变劣。小根、大根及根颈部发病，树皮紫褐色，呈水渍状，有时渗出褐色汁液。病皮分层呈薄片状，之间充满白色菌丝，皮层和木质部之间也易分离，中间充满淡黄色扇状菌丝层，夜间能发出淡绿色荧光。病组织有浓重蘑菇气味。在高温多雨季节，根颈部常丛生蘑菇状子实体。

紫纹羽病：枝条上叶片变小，色发黄，叶脉和中脉发红，枝条节间短，生长势弱。根部发病，初期出现不规则形病斑，皮层组织变褐色，后期表面长出浓密暗紫色、茸毛状菌丝层，皮层腐烂，易脱落，木质部也易腐烂。后期病皮表面长出紫红色半球形菌核。病情多发展缓慢。

白纹羽病：树上发芽晚，长势弱，新梢短，叶片小而色淡。病根外面覆盖一层白色茸毛状菌丝，根皮变黑枯死，外面干枯病皮如鞘状套于木质部，木质部也变黑。后期病根白色菌丝层表面生有黑色小点，为病菌的子囊壳。

根系腐烂，布满瘤状物

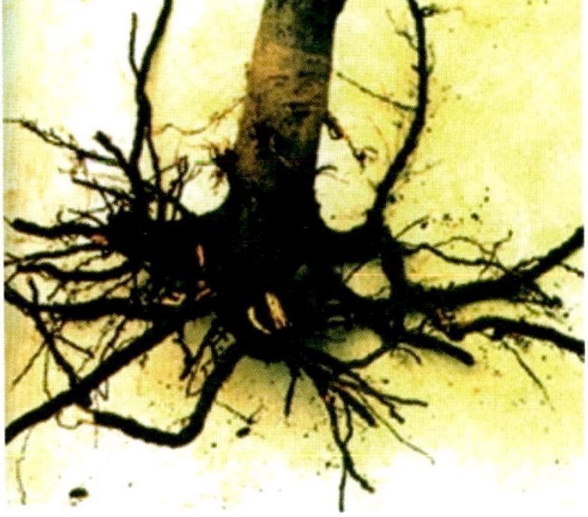

根系褐色腐烂

白绢病：主要危害梨树根颈部和主根基部。受害部位树皮表面布满白色绢状菌丝。病部初期褐色，呈水渍状，有时渗出茶褐色汁液。后期皮层腐烂，木质部不腐烂。病皮具酒糟气味。

2. 病原

根朽病：担子菌亚门，发光假密环菌 *Amillariella tabescens (Scop.et Fr.) Singer*。子实体由病皮菌丝层直接形成，丛生，菌盖浅蜜黄色至黄褐色。

紫纹羽病：担子菌亚门，桑卷担菌 *Helicobasiclium mompa Tanak*。病菌的菌丝在病根外表形成菌丝层，紫黑色至紫褐色。

白纹羽病：有性世代为子囊菌亚门，褐座坚壳菌 *Rosellinia necatrzy(Hart.)Berl.*，在自然界不常见。无性世代为半知菌亚门，白纹羽束丝菌 *Dematophora necatrix*。菌核在腐朽木质部上形成，黑色，近球形。

白绢病：担子菌亚门，薄膜革菌 *Pellic-laria roltsis (Sacc.) West.*。无性世代为半知菌亚门，齐整小菌核 *Sclerotium roctsii, Sacc.*。菌核球形，白色，后变成黄色、棕色至茶褐色。

3. 发病规律

根朽病：病菌的菌丝和菌索在土壤中可长期腐生，靠菌索蔓延侵染。当菌索与健树根接触后，菌索分泌胶质黏液，黏附在树根上，侵入根皮内，使根皮死亡、剥离，并可侵入木质部，在木质部中形成许多菌线(抗毒素保卫反应)。根朽病在旧林地上栽的果树或果园内补栽的果树上发病重。果园土壤长期干旱，病菌易死亡。富含树根和腐朽木质土壤有利于病菌蔓延。沙土地比黏土地发病重。

紫纹羽病：病菌以菌丝层或菌丝块在病根上或土壤中越冬，可存活多年。遇到健树根后侵入。5月至7月病菌产生担孢子，但寿命短，在侵染中不起作用。干旱或排水不良，及在其他林木地上建园的发病重。果树栽得过深，根系生长不良发病重。

白纹羽病：以菌丝层和菌核在病根上和土壤中越冬。条件适宜时，菌核上长出营养菌丝，侵入健根，病根接触到健根，健根易发病。

4. 防治方法

(1) 发现树上枝叶生长不正常后，应扒开根颈部和大根土壤检查病部，并剪除病根，用100倍式波尔多液，或5波美度石硫合剂进行消毒。如病部分散，可用0.5%～1%硫酸铜水溶液灌根消毒。

(2) 加强栽培管理，疏松土壤，

增施有机肥，及时排除积水，促进根系发育，提高抗病能力。

(3) 尽早刨除已枯死或黄萎的梨树（苗），集中烧毁病残根，并对发病的树（苗）穴，用50%代森锌水剂250倍液或硫酸铜100倍液灌药杀菌或另换无病新土。

(4) 苗木出圃时，严格淘汰病苗。对疑病苗木用用2%的石灰水、或70%甲基托布津可湿性粉剂或50%多菌灵可湿性粉剂800～1 000倍液、或50%代森铵水剂1 000倍液浸泡苗木10～15分钟，水洗后再行栽植。

(5) 不要在砍伐的林地和新毁的果树地育苗和栽植，如要用作果树用地，应深翻，晒土，种3～4年其他农作物后再栽梨树。

七、梨树腐烂病

梨树腐烂病又名臭皮病，危害梨树树皮，造成树皮腐烂，削弱树势。在感病品种上，可造成大量死枝死树，甚至不能栽植。在各梨区均有发生，以东北、西北、华北等梨区发生较重，在生长期干旱，病害有加重危害的趋势。

1. 为害状

梨树腐烂病危害梨树主干、主枝、侧枝及小枝的树皮，使树皮腐烂。危害症状有溃疡型和枝枯型两种症状类型。

溃疡型：开始发病时，多发生在主干、大枝及侧枝分杈处的落皮层部位，但与树皮的落皮层有明显区别。病皮外观初期红褐色，呈水渍状，稍隆起，用手按压有松软感，多呈椭圆形或不规则形，常渗出红褐色汁液，有酒糟气味。没有腐烂病的正常落皮层仅限于黄褐色油纸状周皮以上，表层树皮呈黑褐色，质地较硬、较脆不糟烂，黄色油纸状周皮以下的白色树皮生长正常，上面无褐色病斑。溃疡型病斑发病后期，表面密生小粒点，为病菌的子座。在生长季节，病部扩展一些时间后，周围逐渐长出愈伤组织，病皮失水、干缩凹陷，色泽变暗、变黑，病健树皮交界处出现裂缝。

枝枯型：衰弱大枝或小枝上发病，常表现枝枯型症状。病部边缘界限不明显，蔓延迅速，无明显水渍状，很快将枝条树皮腐烂一圈，造成上部枝条死亡，树叶变黄。病皮表面密生黑色小粒点(病菌子座)，天气潮湿时，从中涌出淡黄色分生孢子角或灰白色分生孢子堆。

梨树腐烂病，侵染生长期枝干

梨树腐烂病

梨树腐烂病，形成干枯病斑

2. 病原

为半知菌亚门真菌，梨壳囊孢菌 *Cytospora carphosperma* Fr.。病菌的有性世代，为苹果黑腐皮壳梨变种*Valsa mali Miyabe et Yamada var.pyri*，属子囊菌亚门真菌，在自然条件下不容易产生。

3. 发病规律

发病与冻害的关系：在北方梨区，梨树腐烂病的发生还与冬天的冻害有密切关系。冬天温度过低，或秋季、早春树体活动期突然遭遇低温冻害，树皮被大片冻伤，对腐烂病菌的扩展蔓延失去抵抗能力，造成病害大发生。

病害扩展速度与树皮含水量的关系：梨树腐烂病扩展速度的快慢，与树皮含水量密切相关，树皮含水量高时扩展慢，含水量低时扩展快。因此，天气干旱、降雨少和土层瘠薄、保水差的梨园发病较重。

4. 防治方法

(1) 清除病源：①及时剪除病枯枝，锯掉病死大枝和死树，并及时烧毁，防止这些部位成为腐烂病菌形成的“大本营”。②刮除老翘皮及盖在底下的腐烂病菌。③对腐烂病不容易烂到木质部的梨树品种，刮治时应采取削、片去除表层的方法；对易烂到木质部的感病品种，应采取刮治办法，将病皮去净，然后涂抹10%果康宝膜悬浮剂20倍液，或843康复剂原液，或30%腐烂敌50倍液。

(2)药剂防治：对品种不抗病或发病严重的果园，可在春天梨树发芽前，对细枝喷洒10%果康宝膜悬浮剂或30%腐烂敌100倍液，以杀死树皮浅层潜伏的腐烂病菌，对粗枝涂刷10%果康宝15～20倍液，以预防发病。

八、梨树根癌病

梨树根癌病主要发生在河北、山西、陕西、辽宁、江苏、安徽、浙江等梨区。

梨树根癌病主要危害梨树根颈和侧根，在上面长出肿疣，消耗树体营养，影响梨树的生长和结果。

1. 为害状

多在苗木和幼树上发生，偶见大树也有发病。在梨树的根颈部或侧根、支根上，形成灰白色疣状物，其表面粗糙，内部松软，随后不断增大，变成大小不一的褐色肿疣。外黑褐色、粗糙，内部木质化呈褐色，小者如豆粒，大者直径为5～6厘米，多年生大树的最大肿疣直径可达60厘米左右。病树生长势弱，叶片小，色淡，枝条生长量小，果小味劣。

2. 病原

梨树根癌病是种细菌病害，是由根癌土壤杆菌 *Agrobacterium tumelacines (Riker.) Conn.*所致。病菌革兰阴性，杆状，单生或链生，大小为1.2～5微米×0.62～1微米，具1～3根极生鞭毛，有荚膜，无芽孢。在琼脂培养基上，略呈云状浑浊，表面有层薄膜。病菌生育温度为10～34℃，最适温度22℃，致死温度51℃，10分钟。

梨树根癌病

3. 发病规律

梨树根癌病菌在根疣组织皮层内和土壤中越冬，借雨水和灌溉水传播，土壤耕翻和地下害虫、线虫也能传播，由各种伤口侵入，从侵入到表现出症状，一般需2～3个月。病菌侵入后，不断刺激根部细胞增生、膨大，形成肿疣。土壤偏碱和疏松有利于发病。

4. 防治方法

(1) 育苗地要倒茬，不在旧苗圃地和有病的梨园育苗。

(2) 苗木栽植前要挑选，淘汰有病苗。

(3) 发现新栽幼树发病，及时拔除病苗。大树发病时，扒开根颈部和大根，剪除病疣，涂100倍式波尔多液，或用10%果康宝膜悬浮剂100倍液灌病根部。

九、梨干枯病

又名胴枯病，主要危害中国梨和日本梨，分布于东北、西北、华北、西南及浙江等地。是梨树的常见病害。

1. 为害状

危害中国梨和日本梨品种的幼树和大树枝干树皮。

幼树发病，在茎干树皮表面出现污褐色圆形斑点，微具水渍状，后扩大为椭圆形或不规则形，外观暗褐色，多深达木质部。病皮失水后，逐渐干缩，凹陷，病健交界处龟裂，表面长出许多黑色细小粒点，为病菌的分生孢子器。当凹陷的病斑超过茎干粗度1／2以上时，病部以上逐渐死亡。

病菌也侵害病斑下面的木质部，木质部呈灰褐色至暗褐色，木质发朽，大风易从病斑部将茎干折断。

大树发病时，大枝树皮上产生凹陷褐色小病斑，后逐渐扩大为红褐色，椭圆形或不规则形，稍凹陷，病健交界处形成裂缝。病皮下形成黑色子座，顶部露出表皮，降雨时从中涌出白色丝状分生孢子角。

梨干枯病与干腐病在症状上的大体区别是：干枯病的病斑扩展得较慢，病斑多呈椭圆形或方形；干腐病向上下方向扩展较快，病斑多呈梭形或长条形，色泽也较深，略带黑色。如果用刀片削去病皮表层，用放大镜观察，干枯病菌的1个子座内仅有1个黄白色小点，而干腐病常有2个以上的白点。

梨干枯病

梨干枯病症状

梨干枯病

(左：三年生枝条受害状 右：多年生枝受害状)

2. 病原

为半知菌亚门真菌，福士拟茎点霉 *Phomopsis fuknshii Tanaka et Endo*。病菌的发育温度为9～33℃，最适温度27℃。

3. 发病规律

梨干枯病病菌以菌丝体和分生孢子器在被害病皮内越冬。春天气温适合时，在病皮中越冬的菌丝恢复活动，继续扩展发病。病皮上分生孢子器内的病菌在降雨时涌出，借风雨传播，进行侵染，条件适宜时扩展发病。病斑春秋两季扩展较快，发病明显，夏季温度高时，树体伤口愈合能力较强，发病较慢。

有潜伏侵染现象，病害发生与树势强弱有密切关系，树势强，发病轻，树势弱，发病重。土质瘠薄、肥水不足，结果过多导致发病重。地势低洼，排水不良，修剪过重，伤口过多树及遭受冻害后的梨树，发病也重。

4. 防治方法

(1) 在新建梨园时，要严格挑选无病苗木栽植，谨防病害通过苗木传播。

(2) 对长势弱的树应加强肥水管理，增强树势，提高抗病能力。

(3) 结合冬剪，剪除病枯枝，集中烧毁。

(4) 对病斑采取划道办法处理，然后涂10%果康宝膜悬浮剂20～30倍液，或843康复剂原液，或30%腐烂敌50倍液。

(5) 对发病重的小树茎干部位或大树短枝结果枝组部位，春天发芽前喷洒10%果康宝膜悬浮剂或30%腐烂敌100倍液，或3～5波美度石硫合剂。

十、梨褐斑病

又称斑枯病、白星病，危害梨树叶片，发生严重时可造成大量落叶。是梨树的常见病害，主要分布在辽宁、河北、山东、河南、四川、安徽、江苏、浙江、湖南等省。

1. 为害状

在叶片上产生圆形或近圆形褐色小斑点，以后逐渐扩大，边缘明显，病斑中间变成灰白色，周围褐色，外围为黑色，病斑上密生小黑点，为病菌的分生孢子器。同一片叶上的病斑少则几个，多者达一二十个，后期常扩大互相融合，成为不规则形褐色干枯大斑，易穿孔并引起早期落叶。

梨褐斑病

2. 病原

病菌的无性世代，属半知菌亚门真菌，梨生壳针孢*Septoria piricola* Desm.。有性世代春季在落叶背面形成。子囊菌亚门真菌，梨球腔菌*Mycosphaerella sentina*(Fr.) Schrot.。

3. 发病规律

病菌以分生孢子器及子囊壳在落叶的病斑上过冬。翌春分生孢子和子囊孢子经风雨传播，附在新叶上，环境适宜时发芽侵入，引起初侵染。在梨树生长期，病斑上形成分生孢子器，产生分生孢子，通过风雨传播再次侵染叶片。在整个生长季节，病菌进行多次再侵染，造成叶片不断发病。5月至7月多雨、潮湿，发病重。树势衰弱、排水不良的果园发病重。浙江梨区，一般在4月中旬开始发病，5月中下旬进入发病盛期，重病园5月下旬开始落叶，7月中下旬落叶最多。

4. 防治方法

(1)清除病源：冬季清扫病落叶，集中烧毁，或就地深埋，消灭病源。

(2)加强栽培管理：梨树进入丰产期后，增施有机肥，使树势继续保持健壮，提高抗病能力。果园积水时注意排水，降低园内湿度，控制病害发展蔓延。

(3)药剂防治：早春发芽前，结合梨锈病防治，喷布150倍石灰倍量式波尔多液(硫酸铜1份，生石灰2份，水150份)。落花后，病害初发期，在雨水多有利于病害发生时，再喷药1次，喷布硫酸锌：硫酸铜：生石灰：水为0.5:0.5:2:200锌铜波尔多液，也可喷70%甲基硫菌灵可湿性粉剂800～1 000倍液，或50%多菌灵可湿性粉剂600～800倍液，或65%代森锌可湿性粉剂600倍液。其中重点为落花后的一次喷药，以后结合防治其他病害进行兼治。

十一、梨褐腐病

梨褐腐病又称梨菌核病，在梨果近成熟期和贮藏期造成腐烂，是一种常见病害，在西北、西南和东北、华北梨区均有发生。秋雨多的年份，烂果率可达10%以上。

1. 为害状

梨褐腐病在梨果近成熟期发病，果面上产生褐色圆形水渍状小斑点，扩大后中央长出灰白色至灰褐色绒球状霉层，排列成同心轮纹状，下面果肉疏松，微具弹性，条件适宜时7天左右可使全果烂掉，表面布满灰褐色绒球，以后变成黑色僵果。果实在贮藏期互相接触可传染发病。

梨褐腐病果

梨褐腐病病果干缩在树上

2. 病原

该病菌的有性阶段属子囊菌亚门真菌，链核盘菌属，果生链核盘菌*Monilinia fructigena Aderh*.*Et Ruhl Honey*。无性阶段为半知菌亚门真菌，丛梗孢属，仁果褐腐丛梗孢*Monilia fructigena Pers*.。

3. 发病规律

病菌主要以菌丝团在病果上越冬。翌年产生分生孢子，由风雨传播，经伤口或果实皮孔侵入，潜伏期5～10天。在果实贮藏期病菌通过接触传播，由碰压伤口侵入，迅速蔓延。发病温度为0～25℃，高温高湿有利于病菌繁殖和发育。

果园管理粗放，果实近成熟时，多雨、湿度大、采摘后果面碰压伤多，有利于发病。不同品种发病有所差别，黄皮梨、麻梨、秋子梨较抗病，锦丰、明月梨、金川雪梨、白梨等较感病。

4. 防治方法

(1) 加强栽培管理：采收后清除地面病果和树上病僵果，集中深埋或烧毁。秋后耕翻土壤。果实近成熟期随时摘除病果。

(2) 加强贮运管理：采收时和运

输中减少果实碰撞和挤压，防止出现大量伤口，果实入库前挑出病、伤果。贮藏时控制库温，保持在1～2℃。

(3) 药剂防治：落花后和果实近成熟期喷药防治，常用药剂有50%多菌灵可湿性粉剂600倍液，50%甲基硫菌灵胶悬剂800～1 000倍液，80%进口代森锰锌可湿性粉剂800倍液。

十二、梨煤污病

梨煤污病污染果实、枝条和叶片，影响梨外观等级，在近成熟时，我国东部和中部湿度大的梨区较常见。

1. 为害状

果实发病，在快成熟时开始发生。果面上覆盖一层灰黑色霉层，似煤烟状，用湿布蘸小苏打可以轻轻擦掉。霉层上散生黑色圆形小亮点，为病菌的分生孢子器。新梢上和叶片上也产生黑灰色煤状物。

梨煤污病症状

2. 病原

为半知菌亚门真菌，仁果黏壳孢*Gloeodes pomzgeena Colby*。病菌发芽和菌丝生长温度15～30℃，最适温度20～25℃。

3. 发病规律

病菌以分生孢子器在梨树和其他多种阔叶树上越冬，翌年气温上升时，分生孢子传播到有养分的果面、枝、叶面、芽，产生霉层，形成煤污病。若果园低洼、湿度大、通风透光不良，则发病多。

4. 防治方法

(1) 剪除煤污病枝，并烧毁。

(2) 合理修剪，保持树冠内通风透光，降低树冠内湿度。

(3) 对往年易发病地块或品种在发病初期喷1∶3∶240倍式波尔多液，或100倍石灰乳剂。

十三、梨树疫腐病

梨树疫腐病又叫梨疫病、梨树黑胫病、干基湿腐病。造成梨树树干基部树皮腐烂，有的年份还大量烂果。主要发生在甘肃、内蒙古、青海、宁夏等灌区梨树。其中甘肃发生较重，一些梨园发病率达10%～30%，重病园病株率高达70%以上。

1. 为害状

主要危害树干基部和果实。

树干受害：在幼树和大树的地

表树干基部，树皮出现黑褐色、水渍状、形状不规则病斑，病斑边缘不太明显。病皮内部也呈暗褐色，前期较湿润，病组织较硬，有些能烂到木质部。后期失水，质硬干缩凹陷，病健交界处龟裂。

新栽苗木和3～4年生的幼树发病，主要发生在嫁接口附近，长势弱，叶片小，呈紫红色，花期延迟，结果小，易提早落叶、落果，病斑绕树干一圈后，造成死树。大树发病，削弱树势，叶发黄，果小，树易受冻。

果实受害：多在膨大期至近成熟期发病。果面出现暗褐色病斑，表层扩展快，边缘界限不明显，病斑形状不规则。深层果肉烂得较慢，微有酒气味。后期果实呈黑褐色湿腐状。落地病果在地面潮湿时，果面常长出白色菌丝丛。

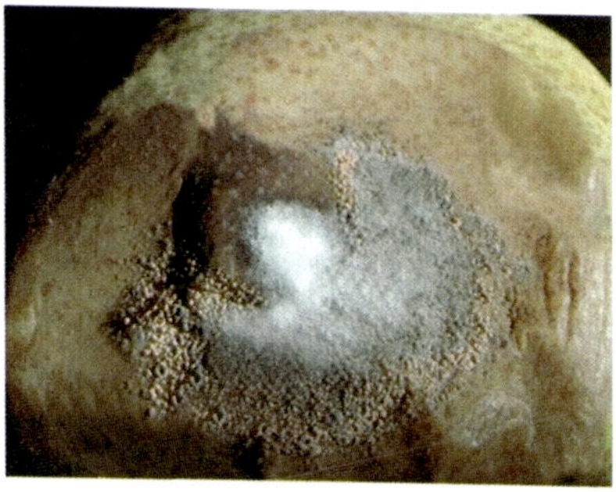

梨树疫腐病侵染果实

2. 病原

为鞭毛菌亚门恶疫霉真菌 *Phytophthora cactorum(leb. et chon)Schrot.*。病菌菌丝生长对温度要求较严格，最适温度为20～25℃，最低温度10℃。菌丝生长对酸碱度要求较低，pH值3～10都能生长，其中以pH值5～6最适。

3. 发病规律

病菌以卵孢子、厚垣孢子和菌丝体在病组织或土壤中越冬，靠雨水或灌溉水传播，从伤口侵入。在梨树生长季节均可发病，6月至9月平均温度20.5～33.4℃，田间灌水较多，地面潮湿，发病较多，危害较重。

病害发生和田间土壤湿度关系密切。如5～20厘米深土层水分饱和24小时以上，地表下5厘米湿度再持续饱和7～8小时以上，则3天后在嫁接口处可见到初发的病斑。地势低洼、土质黏重，灌水后易积水的果园发病较重。

4. 防治方法

(1) 选用杜梨、木梨、酸梨做砧木。采用高位嫁接，接口高出地面20厘米以上。低位苗浅栽，使砧木露出地面，防止病菌从接口侵入，已深栽的梨树应扒土，晒接口，提高抗病力。灌水时树干基部用土围一小圈，防止灌水直接浸泡根颈部。灌水要均匀，勿积水。改漫灌为从水渠分别引水灌溉。苗圃最好高畦栽培，减少灌水或雨水直接浸泡苗木根颈部。

(2) 梨园内及其附近不种草莓，减少病菌来源。及时除草，果园内不种高秆作物，防止遮荫。

(3) 药剂防治，树干基部发病时，对病斑上下划道，间隔5毫米左右，深达木质部，边缘超过病斑范围，充分涂抹843康复剂原液，或10%果康宝膜悬浮剂30倍液。果实膨大期至近成熟期发病，见到病果后，立即喷80%三乙膦酸铝可湿性粉剂800倍液，或25%甲霜灵可湿性粉剂700～1 000倍液。

十四、梨黄叶病

梨黄叶病造成叶片黄化，影响光合功能，降低产量和削弱树势，抗病能力下降。在各梨区均有发生，其中以土壤盐碱性较重的梨区发病较重。

1. 为害状

多从新梢顶部嫩叶开始发病，先是叶肉失绿变黄，叶脉两侧仍保持绿色，叶片呈绿网纹状，较正常叶小。随着病情加重，黄化程度愈加发展，使全叶呈黄白色，叶片边缘开始产生褐色焦枯斑，严重时全叶焦枯脱落，顶芽枯死。

梨黄叶病症状

梨黄叶病症状

2. 病原

由缺铁造成。

3. 发病规律

梨黄叶病是因果树缺铁所造成的。土壤中铁的含量一般比较丰富，但在盐碱性重的土壤中，大量可溶性二价铁被转化为不溶性三价铁，而被土壤固定，变成不能被吸收利用状态，造成果树树体缺铁。果园春秋季干旱时，由于土壤中水分大量蒸发，土壤中盐分随着水分上升，表层土壤含盐量增加，此时又正值春秋梢旺盛生长期，需铁量较多，所以黄叶病发生较重。在进入雨季时，土壤中盐分随着水分下渗，地表层土壤中盐碱相对减少，可溶性铁相对增加，所以黄叶病明显减轻，甚至消失。地势低洼、地下水位高、土壤黏重、排水不良及经常灌水的梨园，发病较重。梨树砧木种类和黄叶病发生程度也有一定关系。

4. 防治方法

(1) 春季灌水洗盐，及时排除盐水，控制盐分上升。果园增施有机肥和绿肥，提高有机质含量，改良土壤。

(2) 梨树发芽前，每株大树用硫酸亚铁或螯合铁0.5～1千克掺5倍有机肥，混合施入土壤中，施后灌水。

(3) 春天梨树发芽后，喷硫酸亚铁水溶液200倍液，或试用强力树干注射器对树干注射硫酸亚铁酸化溶液100倍液，每株用硫酸亚铁20～30克。成功后再大面积采用，以防造成较大损失。

十五、梨树小叶病

危害梨树叶片，造成叶片狭小，影响树体生长发育。在各梨区偶有发生，一般危害不重。

1. 为害状

梨树春季发芽晚，叶片狭小，色淡，枝条节间短，上面着生许多细小簇生叶片，病枝生长停滞，下部又长新枝，长出的新枝仍节间短，叶小，色淡。病树花芽少，花小，色淡，坐果率低，明显影响产量和品质。

锌在植株中的移动与缺乏症出现部位

缺锌叶与正常叶的比较

缺锌梨叶狭小丛生叶缘向上

2. 病原

由树体缺锌造成。

3. 发病规律

梨树小叶病是因树体缺锌所造成的。果树缺锌时合成生长素吲哚乙酸(IAA)的原料减少，因而影响枝叶生长，出现小叶病现象。缺锌还造成多种酶活性降低。锌又存在于叶绿素中，催化二氧化碳和水生成碳酸根和氢氧根离子，所以缺锌也影响果树光合作用。土壤中含锌量很少，土壤呈碱性或含磷量较高，大量施用氮肥，土壤有机质和水分过少，其他微量元素不平衡，均易引起缺锌症。叶片含锌量低于10～15毫克/千克，即表现缺锌症状。

4. 防治方法

(1) 沙地、瘠薄山地和盐碱地梨园，应改良土壤，增施有机肥。这是防治小叶病的基本工作。

(2) 结合春秋季施有机肥，每株大树混施硫酸锌0.5～1千克。

(3)果树开花前对枝条喷布0.3%硫酸锌加入0.3%尿素混合液，半个月后再喷1次。

十六、梨树冻害

梨树冻害类型很多，受冻部位、时间明显不同，轻者减少产量，重者绝收，甚至死树，是梨树生产中发生面广、危害性较大的自然灾害。在辽宁、河北、山东、山西、陕西、甘肃等梨区时有发生。

1. 为害状

嫁接苗冻害：苗圃地没出圃的嫁接苗，接口以上树皮变成黑褐色呈条状死亡，深达木质部。剪断树皮变褐色，贴近变黑树皮部位的木质部也变成黑褐色，同时形成层也变褐死亡。严重时，干基树皮变黑一圈。翌春发芽后，受冻轻的苗发芽迟，生长慢，重者冻死部位以上干茎枯死，不能发芽长叶。

幼树冻害：幼构树干靠近地面的树皮呈不规则形，变黑，死亡，重者深达木质部，形成层也变黑死亡。变黑部位往往有一定方向性，有的树干南面多，有的西北面多。春天梨树发芽后，树皮变黑一侧上面枝条发芽迟，长叶慢，树皮变黑一圈的树则明显死亡，不能发芽、长叶。

晚霜型冻害：早春梨树花芽膨大期至开花前受冻，花锥体变为褐色并死亡，失去开花能力。开花时受冻，萼片上出现水渍状斑点，雄蕊花粉变黑褐色，无发芽能力，重者花蕊中柱头也变成黑褐色，不能授粉坐果，造成大面积减产或绝产。

幼果霜环病：梨树落花后遇到低温，幼果萼洼周围出现环状凹陷伤疤，或果实胴部出现环状锈斑，锈斑部生长慢，常引起落果。

大树枝干冻害：常发生在树干根颈部和枝干桠杈部，树皮呈条状或不规则形变黑，坏死，重者形成层和木质部浅层也变黑死亡，翌春死亡树皮边缘凹陷、开裂，上部枝条发芽晚，生长慢。有的年份和地区，树上1～3年生枝条常受冻，髓部和木质部变褐，重者皮层也变褐，后干缩死亡。

叶片受冻状

梨树落花期受冻，幼果脱落

梨树花期霜冻状

2. 发病规律

梨苗冻害：秋季雨水过多，氮肥足，生长不充实，休眠晚，易受冻害。

幼树冻害：后期雨水多或地势低洼，或栽植在河边的阴湿地上，造成生长后期停止休眠晚，抗冻性能差，易受冻。

早春冻害：我国北方大部分梨区，春天梨花芽萌动期至花期，常遭受来自北方寒冷气流的侵袭，气温从10℃以上，突然降至−5℃左右，使导致已经萌动、抗寒力差的花器受冻。

晚霜冻害：有的年份寒流来得晚些，形成晚霜型冻害，使落花后的幼果受冻，形成幼果的霜环病。果实的霜环病与果园立地条件和方向、树龄也有关系。

一般坡地果园坡中上部树受害轻，坡下和山谷地受害重；朝北、朝西的果园比朝南、朝东的果园受害重；幼树比大树受害重。枝干上冻害多发生在初冬或早春，因为气温较高，树体抗冻性低，天气突然剧烈降温，造成大枝干冻害。有的年份，冬季温度过低，超过树体的耐受能力，致使大枝干树皮和形成层受冻，同时细枝条木质部和髓部大量冻死。在梨树不同系统中，洋梨抗冻性差，秋子梨系统品种最抗冻。

3. 防治方法

(1) 在梨树育苗时，选用抗冻品种和砧木。对嫁接苗要控制后期肥水，防止贪青徒长，促其早落叶早休眠。

(2) 对新栽幼树，施足肥水，促进根系发育。冬季来临前树干涂白或绑草、绑塑料布。

(3) 对晚霜型冻害，根据天气预报，提前一两天灌水，降低地温，推迟花芽萌动期和开花期，同时能增加地面的热容量，使果园地面温度不要降得过多。在花期冻害和幼果期冻害发生前，根据天气预报，在冷空气来临时，在果园内熏烟。熏烟多在凌晨2～3时进行，预防开花前冻害。也可在冻害来临的前一两天对小枝喷10%果康宝膜悬浮剂80～100倍液。

(4) 加强栽培管理，提高树势，增加树体贮藏营养和抗冻能力。控制生长后期肥水，积水时注意排除。后期一般不宜再施氮素化肥，增施磷钾肥，促使枝条生长壮实，早落叶，早休眠，提高抗寒能力。

十七、梨果贮藏期病害

梨果在贮藏期除生长期在田间发生的果实轮纹病、黑星病、黑斑病、褐斑病等病害继续发生发展外，由于贮藏条件的变化和果实的不断衰老，在贮藏期又出现了一些新病害。其中常见的侵染性病害有梨青霉病、梨霉心病、梨果柄基腐病，生理性病害有梨黑心病、梨黑皮病、白梨褐痘病、梨二氧化碳中毒症、梨果冷害等。

1. 为害状

梨青霉病：发病初期在果面伤口处，产生淡黄褐色小病斑，扩大后病组织水渍状，淡褐色软腐，呈圆锥形，向心室腐烂，具刺鼻的发霉气味。病部长出青色、绿色霉状物。温度适宜时，全果很快烂成烂泥状。

梨霉心病：在梨的心室壁上形成褐色、黑褐色小斑点，扩大后心室变成黑褐色，病部长出青灰色、白色、粉红色菌丝，少数菌丝穿透心室壁向果肉扩展，造成果实从里向外腐烂，达到果面，果实呈湿腐状烂果。

梨果柄基腐病：始发病时果柄基部周围变黑、腐烂，多为表面烂得慢，面里烂得快，呈漏斗状烂向心室，烂果肉湿腐。温度较高时，烂得很快，10多天全果烂掉，失水干燥后成病僵果。

梨黑心病：在贮藏期，先在果实心室壁和果柄的维管束连接处，形成芝麻粒大小的浅褐色病斑，然后向心室扩展，使整个果心变为黑褐色，并往外扩展，使果肉发生界限不清的褐变，果肉组织发糠，风味变劣，一般果实外观无明显变化，如用手捏果面则有轻度发软的感觉。严重时果皮色泽发暗，果肉大片变褐，不堪食用。

梨黑皮病：在贮藏期，果皮表面产生不规则的黑褐色斑块，重者连成大片，甚至蔓延到整个果面，而皮下果肉却正常，不变色，基本不影响食用，仅影响外观和商品价值。

白梨褐痘病：白梨褐痘病多发生在靠近果实萼洼附近和胴部下方。发病初期，在果皮表面产生褐色近圆形小斑点，多限于果皮表层，扩展后变为直径3～6毫米大小的椭圆形黑褐色痘斑，周围界限清晰，弧形规整，中间凹陷，病皮下1～2毫米深浅果肉变褐坏死，呈木栓化。发病后期，病斑出现连片，病皮下果肉变褐加深达3～5毫米，病组织呈蜂窝状，松软，干腐，多时十几个至数十个病斑连片，严重时果面布满黑褐色痘斑，失去商品价值。在果农的土窖贮藏条件下，病果率多在10%左右。

梨二氧化碳中毒症：梨心室变褐、变黑，形成水渍状病斑，至心室壁溃烂，继而引起果肉腐烂。有的果肉呈褐色蜂窝状，组织坏死，果重变轻，弹敲有空闷声。

梨果冷害：贮藏期梨果肉组织失水坏死，呈水渍状腐败状。同时诱发果内所带青霉菌、链格孢菌等活动，并诱使果实表面和蜡质层中腐烂菌活动，加快果实腐烂。

2. 病原

梨青霉病：由扩展青霉 *Penicillium expansum*(Link.) Thom. 和意大利青霉 *P. italicum*

梨树贮藏期病害

梨树贮藏期病害——青霉病

Wehmer 等侵染所致。

梨霉心病：由多种真菌复合侵染所致，常见的病原菌有链格孢菌 *Alternaria spp.*、粉红聚端孢菌 *Trichothecium soseum (Pers) Link*、棒盘孢菌 *Corynem sp.* 和镰刀菌 *Fusarium spp.* 等真菌。

梨果柄基腐病：由链格孢菌 *Alternaria sp.*、小穴壳菌、束梗孢菌等弱寄生性真菌侵染所致，随后一些腐生性较强霉菌，如根足霉菌 *Rhizopus* 等进一步腐生，使果实腐烂。

梨黑心病：是一种生理性病害，病因比较复杂。

梨黑皮病：梨在贮藏前期，大量产生α-法尼烯，并积累在果皮部位，到贮藏中后期，氧化成共轭三烯，伤害果皮表层细胞，造成黑皮病发生。

白梨褐痘病：为果实缺钙和钙氮比偏低所致。

梨果冷害：梨在贮藏期可耐0℃低温，如温度再低或运输过程中温度低于-5℃时，果内水分就会逐渐结冰。结冰时，先是细胞间水分结冰，当温度继续下降，冰晶会逐渐增大，不断从细胞中吸收水分，细胞液浓度会越来越高，直到引起细胞内原生质不可逆转的凝固，致使果肉组织坏死、腐败。

梨二氧化碳中毒症：梨采收后含水量较多，果实内生理活动很旺盛，对二氧化碳较敏感。

3. 发病规律

梨青霉病：孢子萌发需饱和湿度。病菌在自然界广泛存在，经伤口侵入。果实衰老、贮藏温度较高时发病重。

梨霉心病：这些病菌在梨园中广泛存在。梨树开花期和生长期分别从柱头和花器残体经萼心间组织侵入，从果实成熟到果实衰老后陆续在心室内扩展发病。

梨果柄基腐病：采收及采后摇动果柄造成内伤，是诱使发病的主要原因。贮藏期果柄失水干枯，往往加重发病。

梨黑心病：梨果采收后含水量较多，生理活动旺盛，对二氧化碳敏感。如果贮藏时二氧化碳浓度过高，果实就会中毒，从里向外变黑，出现蜂窝状症状；与果实氮钙比过高有关，健康果的氮钙比为6.8∶1，而重病果的钙含量比健果低25.5%～42.9%，随着钙含量降低和氮含量增加，黑心病愈加严重；与果实成熟过度、采收过晚和果实未经预冷直接进入0℃冷冻造成急剧降温及预贮期温度过高等有关。

梨黑皮病：共轭三烯愈多，黑皮病发生愈重。采后果实未及时入低温库预冷，堆放在露天处，使预贮期温度过高，容易发生黑皮病。采后梨果在箱内发汗结露，也会加重发病。鸭梨品种多在3月至4月进入发病高峰期。

白梨褐痘病：病果果皮、果肉的含钙量分别比好果的低7.3%～19.4%、24.5%～40.4%，病果果皮、果肉的钙氮比值比好果的低12%～16.6%、36.5%～37.2%，其差异显著。褐痘病在梨贮藏期，一般从12月中下旬开始发生，翌年1月至2月明显增多，3月以后进入盛发期，并出现杂菌侵染造成腐烂。果实在采后预贮发汗期，日晒、雨淋、高温、预贮期过长及贮藏前期库温高等容易造成果实衰老等因素，都容易加重发病。

梨二氧化碳中毒症：如果贮藏时二氧化碳浓度过高，梨组织中会产生大量乙醇、琥珀酸、乙醛等有害气体，造成果实中毒，使成箱果实腐烂。

梨果冷害：梨果入库急，降温快，从库外20℃环境马上进入0℃左右库房，很容易引起果实黑心型冷害。

4. 防治方法

梨青霉病：采收至贮藏各环节减少伤口；入库前剔除伤病果；贮藏前果窖消毒；贮藏时适当保持果窖低温和二氧化碳气体成分。梨霉心病：梨树开花前，树上喷45%硫悬浮剂200～300倍液，落花后结合防治其他病害进行兼治。喷药时注意喷洒萼洼部位。

梨果柄基腐病：采收和采后尽量不摇动果柄，防止内伤。贮藏时湿度保持在90%～95%，防止果柄干枯。采后用50%多菌灵可湿性粉剂溶液洗果，有一定防治效果。

梨黑心病：贮藏期注意调整氧气和二氧化碳比例，将二氧化碳含量控制在0.31%～0.6%为宜；落花后2、4、6周及采收前20天、10天，喷0.3%氯化钙水溶液；加强栽培管理，多施有机肥，适当少施氮肥；适期采收。

梨黑皮病：用1 000毫克/千克虎皮灵药液浸过的药纸包果贮藏，预防发病效果显著；适期采收，及时入库预冷。防止采后堆放在果园被风吹、日晒、雨淋；贮藏后期注意通风，防止温湿度过分变化。

白梨褐痘病：冬季修剪时适当轻剪，过密部位适当疏枝，缓和生长势，调节生长前期叶、果争钙的矛盾；增施有机肥，施后灌水，为树体补钙和钙的吸收创造有利条件；对土壤控氮补钙。梨树落花后，每结100千克果，追施含钙量15%的果树专用复合肥6千克，以取代单施氮素化肥；对叶、果补钙。从落花后4周开始，喷0.2%氯化钙或硝酸钙水溶液，15天左右喷1次，共喷3～4次。可与农药混用；采收后果实放冷凉遮荫棚下，经5～7天短期预冷发汗，及时入5℃左右低温库，逐渐降到0～2℃贮藏。

梨二氧化碳中毒症：控制贮藏环境中二氧化碳比例，以氧含量12%～13%、二氧化碳含量1%以下为宜。

梨果冷害：果实入窖降温不要过急。贮藏时窖内温度保持均匀，防止局部地方温度过低受冻。晚熟梨品种，采后长途运输时，注意保暖。

第二章

梨树虫害

一、梨大食心虫

梨大食心虫 *Nephopteryx pirivorella* 又叫梨云翅斑螟，属鳞翅目螟蛾科，是梨树的主要害虫之一。在我国大部分梨区都有发生，以北方梨区发生较重。以幼虫蛀食花芽和果实。

1. 为害状

以幼虫为害梨芽和果实。

梨花芽被害后，在基部出现1个很小的蛀孔，蛀孔外有褐色粒状虫粪。幼虫潜伏其中，结灰白色薄茧越冬。被害芽瘦小干缩，越冬后大部分枯死。第2年春花芽开始萌动时，幼虫出蛰，转移到健康芽上危害。从芽基部蛀入，并留有蛀孔，幼虫吐丝缠缀芽鳞片。被害芽鳞片不脱落，严重者花凋萎枯死。

梨树落花后，幼虫转移到果实上危害。幼果被害后干缩变黑，不久即脱落。稍大的幼果被害后，幼虫在果柄基部吐丝，将果柄牢固地缠在果台上。虫果干缩变黑，不脱落。幼虫在果内化蛹。成虫羽化后，在果顶部留有较大的羽化孔。膨大的果实被害后，蛀果孔周围变黑腐烂。

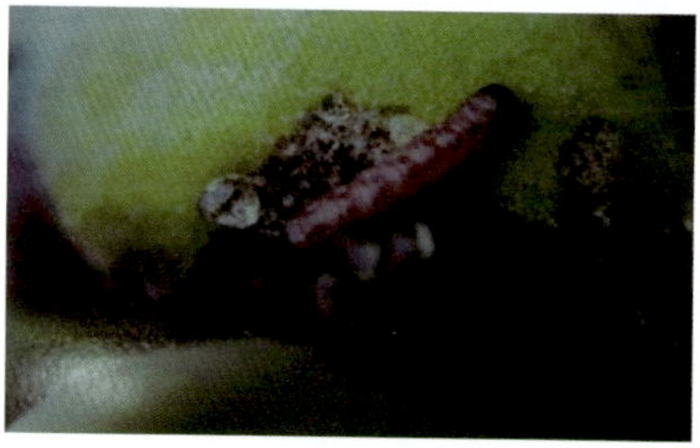

梨大食心虫老熟幼虫

梨大食心虫幼虫

梨大食心虫成虫

梨大食心虫危害新梢状

2. 形态特征

成虫：体长10～12毫米，翅展24～26毫米，暗灰褐色。前翅上有2条灰白色弯曲横带，两带中间浅灰白色，边缘黑灰色。翅中央靠近前缘处有1个黑色肾形纹，翅外缘有1列小黑点。后翅灰褐色。

卵：扁椭圆形。初产时为白色，渐变为紫褐色。

幼虫：初孵幼虫头黑褐色。身体稍带红色，稍大后变为紫褐色。老熟幼虫体长17～19毫米，深褐色，稍带绿色。

蛹：体长10～13毫米，初期为碧绿色，后变为黄褐色。腹部末端有钩状刺突。

3. 发生规律

在辽宁西部和河北北部1年发生1～2代，在河北中南部1年发生2代，在河南郑州1年发生2～3代。各地均以低龄幼虫在梨芽(主要是花芽)内越冬；第2年春梨芽膨大时，幼虫从越冬芽钻出，转移到健康芽上为害。这个时期叫转芽期。幼虫转入新芽后，在鳞片内取食。有的幼虫蛀人芽心危害，被害芽很快枯死。幼虫再一次转芽危害，并吐丝缠绕鳞片，故梨落花时鳞片不脱落。

幼虫转芽期是年生活史中第1次暴露期，亦是药剂防治的关键时期。

幼虫转芽期的早晚在各地有所不同，可根据梨树物候期来判断。在1年发生1代的梨区，幼虫为害盛期在花芽萌动至开绽期；在1年发生1～2代的梨区，幼虫为害盛期在花芽开绽期至花序分离期；在1年发生2～3代的梨区，越冬幼虫的出蛰期较长，没有明显的转芽期，幼虫出蛰后直接害果。幼虫害果时期比较集中，均发生在梨幼果脱萼期。此期是药剂防治的有利时机。

幼虫一生能转果危害1～4个。老熟幼虫从最后1个被害果爬出，在果柄基部用丝将果实缠绕在枝上，在果内化蛹。蛹期8～11天。成虫白天静伏，傍晚开始活动、交尾，夜间产卵，有趋光性。每头雌虫产卵多达200余粒。

卵多产于果实萼洼、芽旁及果台枝的粗皮处，每处产卵1～2粒。在1年发生1代的梨区，幼虫孵化后为害2～3个芽便开始越冬。越冬始期在8月下旬至9月上旬。在1年发生2～3代的梨区，幼虫孵化后，有的先害芽，后害果，有的直接害果，最后1代的幼虫为害芽后即直接越冬。

梨大食心虫的寄生性天敌较多，有食心虫扁股小蜂、梨大长尾瘤姬蜂、梨大聚瘤姬蜂、黄眶离缘姬蜂、黄足绒茧蜂等。这些寄生蜂对梨大食心虫的发生有一定的控制作用，应保护利用。

4. 防治方法

(1) 人工防治：①在冬季修剪时，彻底剪掉被害花芽。②在梨树开花期和幼果期，及时摘除被害花、果。摘除被害果的时间宜早不宜迟，一般在果实膨大期之前发现被害果应及时摘掉。

(2) 药剂防治：药剂防治的关键时期是越冬幼虫转芽期和转果期。在1年发生1～2代的地区，应着重在幼虫转芽期防治，即梨芽开绽期。在1年发生2～3代的地区，重点防治时期是转果期，即幼果脱萼期。常用药剂有2.5%溴氰菊酯乳油2 000倍液，20%氰戊菊酯乳油2 000倍液，30%桃小灵乳油2 000倍液，90%晶体敌百虫1 000倍液等。在虫口密度较大的果园，连续喷药2次，间隔期10天。

二、梨小食心虫

梨小食心虫*Grapholitha molesta*俗称梨小，属鳞翅目小卷蛾科。我国大部分落叶果树栽培区都有分布。寄主有梨、苹果、桃、李、杏、樱桃等，是果树的主要害虫。以幼虫为害果树的新梢或果实，在桃、李、杏、樱桃上，主要为害新梢，有时也为害果实；在梨和苹果树上，主要为害果实，以膨大后的果实受害较重。

1. 为害状

果实被害后，被害果蛀孔很小，周围稍有凹陷，但不变绿色。幼虫蛀果后，先在果肉浅层为害，逐渐向果心蛀入，在果核周围蛀食，并排粪于其中，形成“豆沙

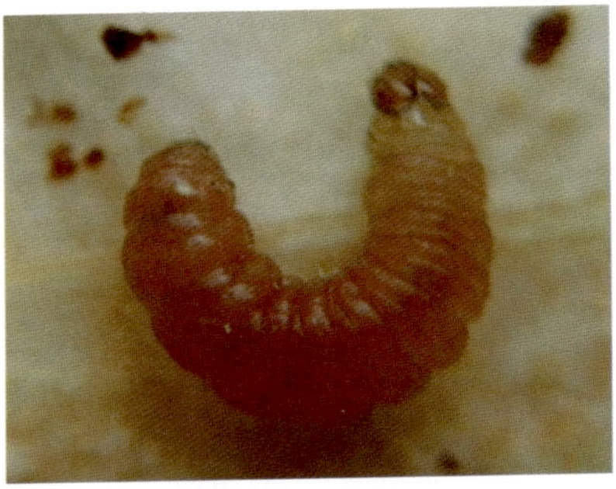

梨小食心虫老熟幼虫

梨小食心虫危害状

梨小食心虫成虫

梨小食心虫危害状

馅”。有时果面有虫粪排出。被害果后期有脱果孔，在其周围变黑、腐烂，果实易脱落，不耐贮藏。

2. 形态特征

成虫：体长6～7毫米，翅展13～14毫米，体灰褐色。触角丝状。前翅前缘有8～10条白色斜纹，外缘有10个小黑点，翅中央偏外缘处有1个明显的小白点。后翅暗褐色，基部颜色稍浅。

卵：长约2.8毫米，扁椭圆形，中央稍隆起。初产时乳白色，半透明，后渐变成淡黄色。

幼虫：低龄幼虫头和前胸背板黑色，体白色。老熟幼虫体长10～14毫米，头褐色，前胸背板黄白色，体淡黄白色或粉红色，臀板上有深褐色斑。

蛹：体长约7毫米，长纺锤形，黄褐色，腹部第3～7节背面各有2

行短刺。蛹外包有白色丝质薄茧。

3. 发生规律

梨小食心虫在辽宁、内蒙古、河北、山西1年发生3~4代，在山东、河南、安徽、江苏、陕西，1年发生4~5代。均以老熟幼虫在树干、主枝、根颈等部位的粗皮缝隙内、落叶或土中结茧越冬。

在华北、西北等地，幼虫于4月上旬开始化蛹，越冬代成虫发生期在4月下旬至6月中旬，第1代成虫发生期在5月下旬至7月上旬。在辽宁梨区，4月下旬出现越冬代成虫，5月下旬至6月上旬为成虫发生盛期。

成虫多在傍晚活动，在7月上旬以前发生的成虫(越冬代和第1代)，大多产卵于叶片和果实上，此时的果肉较硬，幼虫难以蛀入，产在叶片上的卵，孵化的幼虫偶尔蛀入嫩梢，但很少成活，只有产在有伤果实上的卵，幼虫孵化后从伤口处蛀入果实，成活率较高。所以，7月上旬以前在果园很少有大量果实被害。在7月中旬以后发生的成虫(第2代)，大多产卵于果实胴部，幼虫孵化后即可蛀入果实。

幼虫孵化后，在果面上爬行很短一段时间即蛀入果内。幼虫蛀果后，有时从蛀孔处排出少量虫粪，幼虫在果肉浅层取食一段时间便蛀入果心。幼虫一生均在果实内生活，约20天后老熟。老熟幼虫从果实中脱出，吐丝下垂，在树、树枝等粗皮处做薄茧化蛹。

一般在8月份发生第3代成虫。成虫仍产卵于果实上，继续为害果实。到8月下旬至9月份，老熟幼虫脱果，寻找适当场所(树干、主枝、树下等处)做茧越冬。有一部分幼虫在果实采收时尚未脱果，在果实采收后或贮藏期脱果，这些幼虫基本上成为第2年的虫源。

在核果类和仁果类果树混栽的果园，前期发生的幼虫主要为害核果类果树的新梢，后期发生的幼虫主要为害梨果。故在仁果和核果类果树混栽或毗邻的果园，梨小食心虫发生严重。而在单植梨园，由于梨幼果期果实中细胞多，果肉硬，幼虫不易蛀入，故果实受害很轻，到果实膨大期，梨果肉变软，幼虫易蛀入，故果实受害较重。

4. 防治方法

(1) 人工防治：①秋季果实采收前，在树干上束草把，可诱集脱果幼虫在此越冬，待到冬季解下草把烧掉。②刮老树皮，结合果树冬剪，刮除树干和主枝上的翘皮。消灭在树皮缝隙中越冬的幼虫，同时清扫果园中的枯枝落叶，集中烧掉或深埋于树下，消灭越冬幼虫。③

草、石块时，幼虫多集中在主干周围以0.7～1米范围内最多；地面有杂草或石块时，幼虫则分散在整个树盘的范围内。

在河北梨区，越冬幼虫从6月上旬开始出土，出土盛期在6月下旬至7月上旬。从7月上旬开始出现成虫，成虫发生高峰期在7月下旬至8月上旬，9月上旬绝迹。

越冬幼虫出土受降雨的影响很大，一般在降雨后，幼虫会连续出土，在连续干旱情况下，幼虫出土受到限制。幼虫出土期长达60天。幼虫出土后，在地面寻找石块、草根等处结夏茧化蛹，蛹期一般为13～18天。成虫昼伏夜出，白天静伏于树叶或草丛中，从傍晚开始活动，产卵于果实萼洼处，每次产卵1粒。

卵出现盛期在7月末至8月中旬，卵期7～8天。幼虫孵化后从萼洼附近蛀入果内。幼虫一生在果实内取食。幼虫期一般为1个月。7月下旬以前出现的成虫，所产卵孵化的幼虫成活率很低。老熟幼虫从8月下旬开始脱果，9月上旬进入脱果盛期，直到10月上旬结束。幼虫脱果后吐丝下垂，坠落地面，寻找适当场所入土做茧越冬。有的幼虫在采果时尚未脱果，便随果实采收，或到堆果场脱果，或在果实贮藏期脱果。

4. 预测预报

预测幼虫出土期的方法有两种：一是将筛出的部分越冬茧，埋在树冠地面下，用纱笼罩住，从6月下旬开始，每天观察记录幼虫出土情况，当幼虫大量出土时开始施药；二是用桃蛀果蛾性外激素诱捕器诱捕成虫，从诱到第1头成虫时开始施药防治。

预测成虫产卵盛期的方法是用桃蛀果蛾性外激素诱捕器诱捕雄蛾，在雄成虫发生高峰后1～2天，是雌成虫产卵高峰期，即为喷药适期。如果没有桃蛀果蛾性诱剂诱芯，可从7月下旬开始在果园调查卵果率，每个果园随机调查500～1 000个果实，当卵果率达到1%时开始喷药。

5. 防治方法

(1) 人工防治：实行果实套袋，既能防止病虫危害，又能增加果实光洁度。在未套袋果园，于被害果落地时，及时拾取落果，或经常摘除树上的虫果，集中处理，可减少虫源。

(2) 药剂防治：①地面防治：于越冬幼虫出土期在地面施药，然后用耙轻耙表土，使土、药混匀，消灭出土幼虫。常用药剂有50%辛硫磷乳油或48%毒死蜱乳油，每667

平方米地块用药0.5千克，加水稀释后喷洒于地面。施药前应先将树盘下的杂草除净，以利于施药。②树上喷药，喷药的关键时期是成虫产卵盛期，一般在8月上中旬。常用药剂有50%杀螟硫磷乳油1 000倍液，30%桃小灵乳油2 000倍液，20%氰戊菊酯乳油、2.5%溴氰菊酯乳油、10%氯氰菊酯乳油、4.5%高效氯氰菊酯乳油均为3 000倍液，20%灭扫利(甲氰菊酯)乳油2 000倍液，25%灭幼脲3号悬浮剂1 000倍液。第1次喷药后间隔10天再喷1次，共喷2～3次。注意农药的交替使用。

四、桃蛀螟

桃蛀螟 *Dichocrocis punctiferalis* 又叫桃蛀野螟，属鳞翅目螟蛾科。我国大部分果树栽培区都有分布。寄主有梨、李、杏、桃、樱桃、苹果、栗、石榴、柿、柑橘等果树和玉米、向日葵等农作物。以幼虫蛀食果实。

1. 为害状

幼虫在果内取食为害，尤以双果或贴叶果受害严重。被害果外面堆有红褐色虫粪。幼虫排粪于果实内，受害果易变黄脱落。

2. 形态特征

成虫：体长9～14毫米，翅展20～26毫米，身体纤细，体橙黄色，鳞毛细小。触角丝状。复眼黑色。下唇须发达，向上翘。身体背面及前后翅面上散布有黑色小斑点，前翅上有27～28个，后翅上有10余个。腹部第1～5节背面各有3个黑斑，第6节有1个。腹末有1撮黑色毛丛。

卵：椭圆形，长约0.6毫米。初产时乳白色，后渐变为黄色，孵化前变为橘红色。

幼虫：老熟幼虫体长约25毫米。体色变化较大，为害果实的大部分为暗红色，背面紫红色，腹面淡绿色，头部、前胸盾板、臀板暗褐色或褐色，胴部各节的毛片灰褐色。3龄以后的雄虫在腹部第5节背面可透视到2个暗褐色性腺，腹足趾钩呈不规则3序环。

蛹：长椭圆形，长约13毫米，黄褐色至褐色。腹部第5～7节背面各有1排小刺，腹末有卷曲的臀棘6根。蛹体外被灰白色丝质薄茧，外表常附有虫粪。

桃蛀螟成虫

桃蛀螟危害状

3. 发生规律

桃蛀螟在华北及辽南地区1年发生2代，在山东、陕西1年发生2～3代。以老熟幼虫在树皮缝隙、树洞等处越冬，有的在向日葵花盘或玉米秸秆内越冬。在华北地区，越冬幼虫于5月上中旬化蛹，5月下旬至6月中旬羽化为成虫。成虫白天常静伏于树叶背面，夜间交尾产卵，有一定的飞翔能力。对黑光灯和糖醋液有强烈的趋性。成虫喜欢在树叶繁茂的树上产卵，两果相接或贴叶处产卵较多，每处产卵2～3粒，多者达20余粒。卵期约1周。初孵幼虫爬行片刻后，即蛀入果内，一般1个果内有1～2头幼虫。

幼虫有转果为害习性。幼虫期20天左右。老熟幼虫在果内或脱果后在两果间及果台等处结茧化蛹，蛹期10天左右。第1代成虫发生在7月至8月份。成虫羽化后产卵于果实上或农作物上。孵化后的幼虫随即蛀果为害，从9月份开始幼虫陆续老熟、脱果，寻找越冬场所越冬。

4. 防治方法

（1）人工防治：及时摘掉被害果，并及时拾取落地虫果，集中销毁，以消灭幼虫。

（2）诱杀成虫：利用成虫对黑光灯和糖醋液的趋性，可以在果园设置黑光灯或糖醋液诱捕器，以诱杀成虫。

（3）药剂防治：成虫产卵期是防治的关键时期，可用糖醋液诱捕器预测成虫发生期。当连续诱到成虫时，即可喷药防治。常用药剂有50%杀螟硫磷乳油1 000倍液，80%敌敌畏乳油1 500倍液，20%氰戊菊酯乳油2 000倍液，25%灭幼脲3号悬浮剂1 500倍液。

五、吸果夜蛾

吸果夜蛾的种类很多，为害梨和苹果，常见种类有鸟嘴壶夜蛾*Oraesia excavata*、嘴壶夜蛾*Oraesia emarginata*、枯叶夜蛾*Adristyrannus*、落叶夜蛾*Ophideres fullonica*、毛翅夜蛾*Dermaleipa juno*，它们均属鳞翅目夜蛾科。在我国分布范围很广，除东北和华北北部果区少见外，其他果区都有发生，尤以南方果区为害较重。寄主有梨、苹果、桃、杏、李、葡萄等果树。多数种类的幼虫不为害果树，只有毛翅夜蛾幼虫可食害梨、苹果、葡萄等的叶片。

1. 为害状

以成虫为害成熟或近成熟的果实。成虫的口器较硬，并很尖锐，能刺破未成熟果实的果皮，吸食汁液。受害轻者，果实变形、变质，不耐贮藏；受害重者，果实腐烂脱落，味苦，不能食用。被害果表面出现针头大小的孔洞，果肉失水呈海绵状，用手指按压有松软感，以后变色凹陷，易脱落。

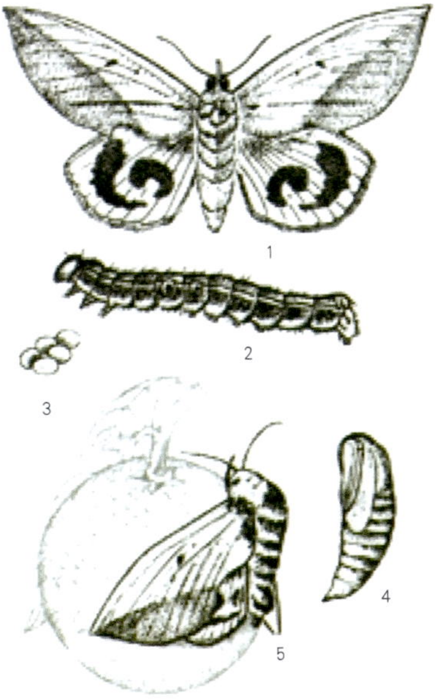

嘴壶夜蛾线绘图

1.成虫 2.幼虫 3.卵 4.蛹 5.危害状

枯叶夜蛾成虫

落叶夜蛾成虫

枯叶夜蛾蛹

2. 形态特征

鸟嘴壶夜蛾：体长23～26毫米，翅展50～55毫米。头与颈板赤橙色，胸部褐色，腹部淡褐色。下唇须前端尖长似鸟嘴形。触角羽毛状。前翅紫褐色至褐色，顶角细，呈钩状，外缘中部圆形突出，后缘端部内凹较深。前后翅内面均为粉橙色，足赤橙色。

嘴壶夜蛾：体长17～25毫米，翅展36～45毫米。头与颈板红褐色，胸腹部褐色，腹部腹面棕红色。前翅紫红褐色或褐色，顶角突出，外缘中部突出呈角状，后缘中部内凹，翅面上有斜线和斑纹。后翅褐色。雌虫触角丝状，雄虫触角羽毛状。

枯叶夜蛾：体长35～38毫米，翅展96～106毫米。头部棕褐色，腹部杏黄色。触角丝状。前翅黄褐色，顶角尖，外缘呈弧形突出，后缘内凹，从顶角到后缘中部有1条黑褐色斜线，近前缘处有一圆斑。后翅杏黄色，中部有一肾形黑斑，近外缘有一牛角形黑斑。

落叶夜蛾：体长36～40毫米，翅展90～110毫米。头胸部淡褐色，腹部褐色，背面大部分枯黄色。前翅褐绿色，有大型黑色肾形斑，外缘黑色，边缘有6个小白斑。

毛翅夜蛾：体长35～45毫米，翅展90～106毫米。头胸腹及前翅均为灰黄色，胸腹部被长鳞毛。下唇须向上弯曲超过头顶。触角丝状。前翅密布黑点，有3条横线和1个肾形斑，后翅基部2／3为黑色，中间有一淡蓝色半圆形纹，端部1／3为红黄色，内缘着生黄色长毛。

3. 发生规律

每种吸果夜蛾每年发生的代数因种类和地区而不同，一般为2～4代。越冬虫态因种类而异，越冬地点大都在果园以外的寄主上或杂草丛生的果园内。5月就有成虫出现，先为害早熟果实如樱桃等。到7月，数量明显增加，尤其在7月至9月，各种水果已陆续进入成熟期，为害达到高峰。

到11月中下旬，当夜间气温下降到10℃以下时，成虫停止为害。成虫白天潜伏在石缝或灌木杂草丛中，黄昏时陆续飞出为害，约在日落后2小时左右，特别是天气闷热、无风雨并有月光的夜晚出现最多，直到黎明时止。发生密度大时，1个果实上可有几头成虫刺吸，被害果有时多达二三十个刺孔。皮薄、汁多、味香的果实受害尤其严重。

4. 防治方法

(1) 果实套袋：果实套袋不仅可以改善果实外观质量，而且还可起到防虫作用，并可减少农药污染。为防止吸果夜蛾为害，需用专用果袋，一般用双层纸袋效果较好。

(2) 诱杀成虫：用糖醋液诱杀成虫效果较好。糖醋液的配制方法是：红糖5～8份，醋1份，水90份，将其混合均匀后盛装在碗或小盆内，挂在树上，每667平方米地块挂3～5个，可诱到大量成虫。应注意及时清除虫尸。大多数种类对黑光灯有趋性，安置黑光灯可起到诱杀效果。

(3) 驱避成虫：用香茅油或小叶桉油驱避成虫。方法是：用7厘米×8厘米的草纸片浸油，将其挂在树上，每棵树挂1片，夜间挂上，白天收回，第2天再补加油。

(4) 药剂防治：常年发生严重时，应在果园周围及果园内的杂草上喷药防治幼虫，常用杀虫剂都有防治效果。

六、梨虎象

梨虎象*Rhynchites foveipennis*又叫朝鲜梨虎象，梨象鼻虫，属鞘翅目象甲科。我国大部分梨区都有分布，以辽宁、河北、山西等梨区发生较多，山地梨园受害严重。除为害梨外，还为害苹果、桃、杏、沙果、山楂等果树，是梨树的主要害虫之一，主要是成虫啃食花器官和幼果。

1. 为害状

成虫啃食花丛、嫩枝皮层时，咬成大小不等的斑块，啃食幼果时，果面上出现条状斑痕或坑洼。被害处变黑。成虫产卵时咬伤果柄，造成落果。

成虫在果实上产卵时，用口器咬成孔洞，以后变黑。幼虫在果实内取食，被害果提早脱落。

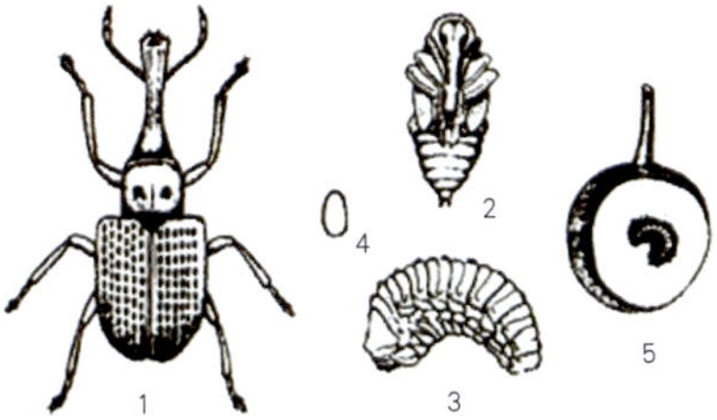

梨虎象形态特征
1.成虫 2.蛹 3.幼虫 4.卵 5.危害状

梨虎象产卵时咬伤果柄

2. 形态特征

成虫：体长12～14毫米，暗紫铜色，有光泽。头管较长，雄虫头管先端向下弯曲，雌虫头管较直。触角12节，呈棒状。雌虫触角着生在中部，雄虫触角着生在端部1/3处。头、胸部及前翅背面密生刻点和短毛。头管中央有纵脊延伸至复眼前，前胸背面具明显凹陷，呈“小”字形，雄虫前足两侧有1对瘤状突起。鞘翅上刻点粗大，略呈9纵行。

卵：乳白色，椭圆形，长约1.5毫米，表面光滑，有光泽。

幼虫：老熟幼虫体长约12毫米，体肥大，略向腹面弯曲，头小，缩入前胸内。体壁多皱纹。足退化。

蛹：裸蛹，长约8毫米，初期为乳白色，渐变为黄褐色。

3. 发生规律

梨虎象大部分1年发生1代，少数2年发生1代。1年发生1代时，以成虫潜伏在土中越冬；2年发生1代时，先以幼虫在土中越冬，到第2年夏秋季羽化为成虫。成虫不出土，继续在土中越冬。

越冬后的成虫在梨树开花时出土。在辽宁西部梨区，成虫出土期在5月上旬至7月下旬，出土盛期在5月下旬至6月上旬。成虫出土与降雨有关，一般降雨后即有大量成虫出土。如遇干旱，成虫出土期则向后延迟。成虫出土后爬到树上，取食嫩芽和花器，以后为害幼果。

成虫白天活动，有假死性，在晴朗无风的天气下比较活跃，在早、晚气温低时受惊扰即落地。成虫取食1~2周后开始交尾产卵，产卵时，先用口器将果柄基部咬伤，然后在果实上咬1个洞，产卵其中，并分泌黏液连同碎屑将洞口封住。一般每果产卵1~2粒，每头雌虫可产卵70~80粒，产卵期达2个月。

成虫产卵对梨品种有一定的选择性。香水梨(早熟品种)受害最重，其次是鸭梨和白梨，安梨和花盖梨受害最轻。一般在成虫产卵后10天左右，着卵幼果开始脱落。幼虫孵化后在果内取食20~30天，老熟后脱果入土。幼虫脱果期从7月上中旬开始，到8月中下旬结束。入土后的幼虫做土室，部分幼虫从8月中旬开始化蛹，蛹期1~2个月，9月下旬开始羽化为成虫，成虫在土室中越冬；另一部分幼虫直接越冬。

4. 防治方法

(1) 人工防治：①人工捕杀，利用成虫的假死习性，在成虫发生期震树捕杀成虫，尤以早晨或上午效果好。②捡拾落果，在成虫产卵期，及时拾取落地虫果，消灭其中的幼虫，此项工作应在幼虫脱果前进行。

(2) 药剂防治：①地面施药，在

越冬成虫出土期，于地面喷施50%辛硫磷乳油或48%毒死蜱乳油300～400倍液，每667平方米地块用药液150千克。第1次施药后间隔15天再施药1次。②树上喷药，喷药时期在成虫产卵盛期。常用药剂有90%晶体敌百虫800倍液，80%敌敌畏乳油1 000倍液，50%杀螟硫磷乳油1 000倍液，20%氰戊菊酯乳油、2.5%溴氰菊酯乳油、10%氯氰菊酯乳油、4.5%高效氯氰菊酯乳油均为3 000倍液。第1次喷药后隔15天再喷1次。

潜伏在树皮内的若虫

七、梨黄粉蚜

梨黄粉蚜*Aphanostigma jakusuiense*又名梨黄粉虫，属同翅目根瘤蚜科。我国各主要梨产区都有分布。以成虫和若虫在果实上为害，使果实品质下降，失去商品价值。梨黄粉蚜是梨树的主要害虫之一，寄主只有梨属植物。

梨黄粉蚜若虫

1. 为害状

成虫和若虫群集在果实萼洼处为害繁殖，虫口密度大时，可布满整个果面。受害果萼洼处凹陷，以后变黑腐烂。后期形成龟裂的大黑疤。套袋果经常是果柄周围至胴部受害。

梨黄粉蚜危害状

2. 形态特征

成虫：均为无翅蚜。体呈倒卵圆形，长0.7～0.8毫米，鲜黄色。触

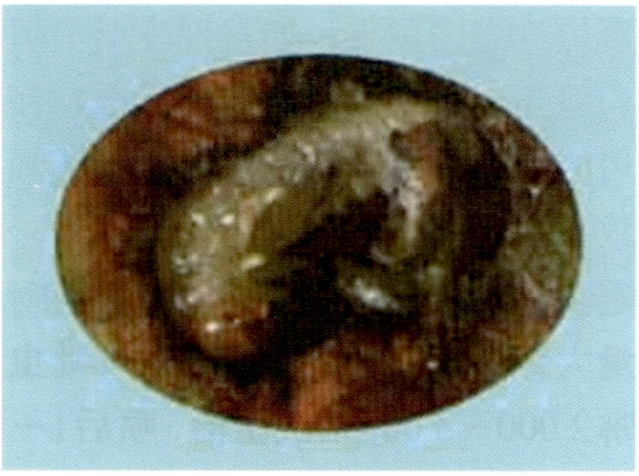

梨实蜂幼虫

2. 形态特征

成虫：体长4～4.5毫米，翅展9～11毫米，体黑色，有金属光泽。触角丝状，除第1、第2节为黑色外，其余各节雄虫为黄色，雌虫为褐色。足细长，大部分为黄色。雌虫腹部腹面末端中央呈沟状，产卵器黄褐色。雄虫腹部末端的交尾器为黑色。

卵：长椭圆形，长约0.8毫米，白色。初产时色淡，后变为灰白色。

幼虫：老熟幼虫体长约9毫米，淡黄白色，头呈半球形，黄褐色，胸足3对，腹足7对。

蛹：裸蛹，长约4毫米，白色。复眼黑色。蛹外被有椭圆形茧，黑褐色，表面黏有土粒。

3. 发生规律

梨实蜂1年发生1代，以老熟幼虫在土中结茧越冬。虫茧多分布在树干周围1米、深约10厘米范围的土中。

越冬幼虫在梨树萌芽期开始化蛹，现蕾期出现成虫，此时正值杏树开花期。在河北梨区，成虫发生期在4月上旬。成虫白天活动，有假死习性，天气晴朗时喜欢在树冠上空飞舞或在花上爬行。早晚或阴雨低温天气常静伏在花中或花萼下。在梨树开花前羽化的成虫，大多集中在梨园附近的杏、李等早花果树上栖息，并取食花蜜，但不产卵。梨花开放时，大部分成虫转移到梨树上取食并产卵。

成虫产卵于花萼组织内，一般1朵花内产卵1粒，也有产2～3粒的。产卵处出现稍微鼓起的小黑点，此时剖开小黑点即见到卵。卵期5～6天。幼虫于4月下旬开始孵化。孵化后先在萼片基部串食，被害处变黑。

幼虫稍大后即蛀入幼果，有转果为害习性，一生可害果2～4个。被害果易脱落。幼虫为害期约15天，老熟后脱果入土做茧，进入休眠状态。

4. 防治方法

(1) 人工防治：①捕杀成虫。利用成虫的假死习性，在成虫发生期振树捕杀成虫，早、晚捕杀效果较好。②疏除被害查。结合疏花疏果，疏除成虫产卵的花和受害幼果。在被害幼果脱落期，及时拾取落地虫果，集中销毁。

(2) 药剂防治：①地面施药，在成虫出土期，于地面喷洒50%辛硫磷乳油或48%毒死蜱乳油300倍液，每667平方米地块用药150千克。施药重点在树干周围1米范围内。施药后轻耙表土，使土、药混匀。在雨后立即施药效果较好。②树上喷药，当梨落花达90%时往树上喷药防治初孵幼虫，重点喷于花萼基部。常用药剂有80%敌敌畏乳油1 000倍液，50%甲萘威可湿性粉剂500～800倍液，48%毒死蜱乳油2 000倍液，20%氰戊菊酯乳油2 000倍液，4.5%高效氯氰菊酯乳油3 000倍液。

九、茶翅蝽

茶翅蝽 *Halyomopha halys* 又叫臭木椿象，俗称臭板虫，属半翅目蝽科。在国内分布范围较广，除新疆、宁夏、青海和西藏未发现外，其余各地均有分布。寄主有梨、桃、樱桃、杏、李、苹果、山楂、梅、柿等。以若虫和成虫危害刺吸果实。

1. 为害状

以成虫和若虫刺吸果实。受害果表面凹凸不平，生长畸形，不堪食用，失去经济价值。

茶翅蝽成虫

2. 形态特征

成虫：体长12～16毫米，宽6.5～9毫米，略呈椭圆形，扁平。体茶褐色。口器黑色，很长，先端可达第1腹板。触角5节，褐色，第4节两端和第5节基部为黄褐色。前胸背板两侧略突出，背板前方横排着生4个黄褐色小斑点。小盾片前缘亦横列5个小黄斑，以两侧的斑较为明显。

若虫：初孵若虫体长约2毫米，无翅。腹部背面有黑斑，胸部及腹部第1～2节两侧有刺状突起，腹部第3～5节各有一红褐色瘤状突起。后期若虫体渐变为黑色，形似成虫。

卵：短圆筒形，顶部平坦，中央稍鼓起，长约1.2毫米，周缘着生短小刺毛。初产时乳白色，近孵化时呈黑色。多为28粒排成卵块。

3. 发生规律

茶翅蝽在北方果产区1年发生

1～2代，以成虫在墙缝、石缝、草堆、空房、树洞等场所越冬。翌年4月中旬，越冬成虫开始出蛰，出蛰后先集中在桑树及其他早花果树上危害，至5月中下旬迁飞至梨园。成虫清晨不活泼，在露水未干时摇动树干，成虫即可落地，中午前后飞翔、交尾。

成虫于6月上旬开始产卵，至8月中旬结束。卵排列为块状，呈不规则的三角形，一般在28粒左右，多产在叶背面，卵期平均5天。

若虫孵化后，先静伏于卵壳上面或其周围，3～5天后分散为害。若虫期平均58天。成虫于7月中旬出现，危害到9月下旬至10月上旬才陆续飞向越冬场所。在梨果采收时，经常在果园内及其周围的房屋内见到群集的成虫。

在梨幼果生长期，被害处组织停止生长，呈"猴头果"或僵果，完全失去食用价值。在果实膨大期，受害果实表面出现深绿色凹陷，食用价值降低。后期被害的果实，表面略有症状，基本上不影响食用。

4. 防治方法

（1）人工防治：在春季越冬成虫出蛰时和9、10月成虫越冬时，在房屋的门窗缝、屋檐下、向阳背风处收集成虫。在成虫产卵期，收集卵块和初孵若虫，集中销毁。

（2）药剂防治：在虫害发生严重的梨园，于5月中下旬成虫向梨园迁飞时，往梨园周围的防护林上喷药。在若虫发生期，结合防治其他害虫喷药。常用药剂有50%杀螟硫磷乳油1 000倍液，48%毒死蜱乳油2 000～3 000倍液，20%氰戊菊酯乳油2 000倍液。

十、麻皮蝽

麻皮蝽*Erthesina fullo*又叫黄斑蝽象，属半翅目蝽科。在我国大部分果产区都有分布。寄主有梨、苹果、桃、李、杏、樱桃等果树以及杨、柳、榆、桑等林木，食性极杂。在华北地区发生较重。

1. 为害状

成虫和若虫主要为害果实，也可为害枝条。果实被害处组织停止生长，木栓化，果面凹凸不平，变硬，畸形；受害重者，无法食用。

麻皮蝽若虫

麻皮蝽成虫

麻皮蝽交尾状

2. 形态特征

成虫：体长18～24.5毫米，宽8～11毫米，体较茶翅蝽大，略呈棕黑色。头较长，先端渐细，单眼与复眼之间有黄白色小点，复眼黑色。触角丝状5节，第5节基部淡黄色。喙细长，4节，达第3腹节。前胸背板前侧缘前半部略呈锯齿状。前翅上有黄白色小斑点，膜质部分黑色。腹部背面较平，黑色，腹面黄白色。

若虫：初孵若虫近圆形，白色，有红色花纹。老熟若虫体长16～22毫米，红褐色，触角4节。腹背中部有3个暗色斑。

卵：灰白色，鼓形，顶部有盖，周缘有刺。常排成块状。

3. 发生规律

麻皮蝽在东北、华北1年发生1代，以成虫在屋檐下、墙缝、石壁缝、草丛、落叶等处越冬。越冬成虫于4月中旬开始出蛰，6月上旬基本结束，大量出蛰期在5月上中旬，并开始交尾。成虫于5月下旬开始产卵，卵多成块产在叶背，每块卵粒数多为12粒。卵期6～8天。若虫孵化后常群集在卵块附近，经过一段时间后才分散为害，3龄以后的若虫爬行迅速，食量大增，主要刺吸果实汁液。成虫于7月上中旬出现，为害至9月上旬，9月中下旬飞向越冬场所。全年为害最重时期在6月下旬至8月上旬。

成虫有假死性，早晚低温时受惊扰假死落地。离村庄较近的果园受害重。在北方梨区，麻皮蝽和茶翅蝽有时同时发生，在田间的为害状难以区别。

白星花金龟幼虫

白星花金龟危害状

白星花金龟成虫

白星花金龟成虫

鞘翅上密布大小不等的白斑或白点，有时白斑连在一起成为较大的斑块。

卵：椭圆形，乳白色。

幼虫：称为蛴螬，体长约35毫米，乳白色，身体弯曲，背部隆起，多皱纹。

蛹：为裸蛹，体长约22毫米。

3. 发生规律

白星花金龟1年发生1代，以幼虫在土中越冬，第2年春季化蛹，5月份出现成虫。早期出现的成虫取食果树的嫩叶，从6月开始为害果实，尤以有伤口的果实受害严重，到7月中下旬梨果膨大后期，果肉变软，易被成虫危害，尤以具有香气的果实被害严重。

成虫发生期很长，直到9月仍有成虫活动。成虫对烂果汁有强烈趋性，产卵于土中。幼虫在土中生活，取食植物根系，危害性不大。

4. 防治方法

(1) 人工防治：利用成虫群集为害的习性，在成虫害果期实行人工捕杀。也可将烂苹果或烂桃装在罐头瓶内，把瓶子挂在树上，能诱集成虫。

(2) 药剂防治：在成虫发生期，用残效期短的杀虫剂喷雾防治。常用药剂有90%晶体敌百虫1 000倍液，80%敌敌畏乳油1 000倍液。

十三、梨圆蚧

梨圆蚧又叫梨笠圆盾蚧*Diaspidiotusperniciosus*，属同翅目盾蚧科。全国各地都有分布。寄主有梨、苹果、海棠、桃、李、杏、山楂、枣等果树和杨、柳等多种林木。以成虫和若虫危害叶片、枝条和果实。

枝条上的梨圆蚧

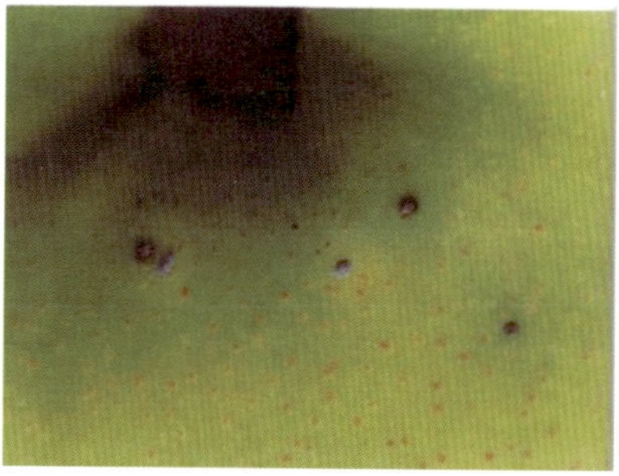

果皮上的梨圆蚧

1. 为害状

以雌成虫和若虫吸食枝条、果实和叶片的汁液，致使树势衰弱。枝条被害处呈红色圆斑，严重时皮层爆裂，影响生长，甚至枯死。果实受害后，表面似有许多小斑点，虫体周围出现一圈红晕，虫多时则呈一片红色；受害重者，果面龟裂。为害叶片时，虫多集中在叶脉附近，被害处呈淡褐色，逐渐枯死。

2. 形态特征

成虫：雌虫无翅，体扁圆形，黄色，口器丝状，着生于腹面。体被灰色圆形介壳，直径约1.3毫米，中央稍隆起，壳顶黄色或褐色，表面有轮纹。雄虫有翅，体长约0.6毫米，翅展约1.2毫米。头胸部橘红色，腹部橙黄色。触角11节，鞭状。翅1对，白色，透明，脉纹简单。腹部末端有剑状交尾器。

若虫：初孵若虫体长约0.2毫米，扁椭圆形，淡黄色。触角、口器、足均较发达。口器很长，是体长的2～3倍，弯于腹面。腹末有2根长毛。2龄若虫眼、触角、足和尾毛均消失，开始分泌介壳，固定不动。雌虫介壳圆形，雄虫介壳长椭圆形，壳顶偏于一端。

蛹：仅雄虫有蛹，体长约0.6毫米，长锥形，淡黄略带淡紫色。

3. 发生规律

梨圆蚧在北方地区1年发生3代，以2龄若虫和少数雌成虫在枝条上越冬。第2年春季树液流动后，越冬若虫继续为害。在辽宁兴城地区，越冬若虫到6月发育为成虫，并开始产仔，以雌成虫越冬者，在5月就开始产仔。由于越冬虫态不一致，产仔期拉得很长，造成世代重叠。第1代若虫发生期在7月至9月，第2代在9月至11月。

成虫行两性生殖，也有孤雌生殖者。若虫胎生，即卵产出前在母体内已经孵化为若虫，产出的是小若虫，因此叫产仔。若虫产于母体介壳下，出壳后爬行迅速，分散到枝叶和果实上为害。以2～5年生的枝条上较多，且喜欢在阳面。在果实上为害的若虫，大部分分布在果面上。若虫固定后1～2天开始分泌介壳。雄成虫羽化后即行交尾，之后死亡。雌成虫继续在原处取食一段时间，同时产仔，产仔完毕即死亡。

4. 防治方法

(1) 加强检疫：从疫区调运苗木、接穗或果品时，应严格检查，避免传播。

(2) 保护天敌：梨笠圆盾蚧的天敌种类很多，主要是红点唇瓢虫和寄生蜂，应注意保护。

(3) 药剂防治：在果树发芽前，喷布5波美度石硫合剂，或95%机油乳剂80倍液。在果树生长期，要在若虫出壳后至固定前喷药。常用药剂有25%噻嗪酮可湿性粉剂1 000倍液，80%敌敌畏乳油1 000倍液，50%辛硫磷乳油1 000倍液，48%毒死蜱乳油2 000倍液。

十四、康氏粉蚧

又叫桑粉蚧、梨粉蚧、李粉蚧 *Pseudococcus comstocki*，属于粉蚧科。危害多种植物。分布于全国各地。以若虫和雌成虫刺吸树体汁液。

1. 为害状

若虫和雌成虫刺吸芽、叶、果实、枝叶及根部的汁液，嫩枝和根

康氏粉蚧若虫

康氏粉蚧危害状

部受害常肿胀且易纵裂而枯死。幼果受害多成畸形果。排泄蜜露常引起煤病发生，影响光合作用。

2. 形态特征

成虫：雌成虫椭圆形，较扁平，体长3~5毫米，粉红色，体被白色蜡粉，体缘具17对白色蜡刺，腹部末端1对几乎与体长相等。触角多为8节。腹裂1个，较大，椭圆形。肛环具6根肛环刺。臀瓣发达，其顶端生有1根臀瓣刺和几根长毛。多孔腺分布在虫体背、腹两面。刺孔群17对，体毛数量很多，分布在虫体背腹两面，沿背中线及其附近的体毛稍长。雄成虫体紫褐色，体长约1毫米，翅展约2毫米，翅1对，透明。

卵：椭圆形，浅橙黄色，卵囊白色絮状。

若虫：椭圆形，扁平，淡黄色。

蛹：淡紫色，长约1.2毫米。

3. 发生规律

一般1年发生3代，以卵囊在树干及枝条的缝隙等处越冬。各代若虫孵化盛期为5月中、下旬，7月中、下旬和8月下旬。若虫发育期，雌虫为35~50天，雄虫为25~37天。雄若虫化蛹于白色长形的茧中。每头雌成虫可产卵200~400粒，卵囊多分布于树皮裂缝等处。在花木上，成虫和若虫多聚集在幼芽、嫩枝上危害。

4. 防治方法

(1) 注意保护和引放天敌：有瓢虫和草蛉。

(2) 消灭虫卵：从9月开始，在树干上束草把诱集成虫产卵，入冬后至发芽前取下草把烧毁消灭虫卵。

(3) 药剂防治：在若虫分散转移期，分泌蜡粉形成介壳之前喷洒2.5%敌杀死或功夫乳油或20%灭扫利乳油、20%速灭杀丁乳油3 000~4 000倍液、10%氯氰菊酯乳油1 000~2 000倍液、50%马拉硫磷或杀螟松乳油1 000倍液，如用含油量0.3%~0.5%柴油乳剂或黏土柴油乳剂混用，对已开始分泌蜡粉介壳的若虫害有很好杀伤作用，可延长防治适期提高防效。

十五、梨木虱

梨木虱*Psylla chinensis*又叫中国梨木虱，属同翅目木虱科。全国各梨区都有发生，是梨树的主要害虫。若虫在叶片或果实上的分泌物易诱发黑霉,影响叶片的光合作用，使果实品质下降,商品价值降低。寄主只有梨属植物。

1. 为害状

主要以若虫刺吸叶片汁液，也可为害果实，成虫亦可为害，但不严重。若虫多在叶片背面为害，常分泌黏液将2片或几片叶粘连在一起。叶片受害后叶脉扭曲，叶面皱缩，产生黑斑，严重时叶片变黑，提早脱落。为害果实的若虫分泌黏液，使果实表面出现霉污。

梨木虱成虫（夏型）

梨木虱成虫（长翅型）

梨木虱成虫（冬型）

梨木虱成虫（短翅型）

梨木虱危害状

2. 形态特征

成虫：有冬型和夏型2种类型。冬型成虫体长2.8～3.2毫米，灰褐色。前翅后缘臀区有明显褐斑。夏型成虫体长2.3～2.9毫米，黄绿色。翅上无斑纹。胸部背面有4条红黄色或黄色的纵条纹。静止时翅呈屋脊状覆盖于身体上。

卵：长椭圆形，一端圆钝，另一端稍尖，并延伸出1根长丝。

若虫：初孵若虫扁椭圆形，淡黄色，复眼红色。3龄以后在胸部两侧出现翅芽。翅芽草绿色或淡黄色，长圆形。

3. 发生规律

梨木虱在全国各梨区1年发生的世代数因气候条件不同而异。在辽宁西部梨区1年发生3～4代，在河北北部1年发生4～5代，在河北中南部1年发生5～6代，在黄河故道地区1年发生6～7代。

以成虫在落叶、杂草和树皮缝隙内越冬。翌春当日平均温度稳定在0℃以上时，成虫开始出蛰，此时梨芽尚未萌动。成虫出蛰后在小枝上爬行，晴朗无风时比较活跃，当气温低于0℃时，又潜伏在树皮缝隙等避风处。梨树花芽萌动后，成虫便开始刺吸花。芽幼嫩部分的汁液。在河北省中南部梨区，越冬成虫从2月中旬开始出蛰，2月下旬为出蛰高峰期，3月上旬开始产卵，4月中下旬为产卵高峰。在梨树发芽前，卵大多产在芽痕处；梨树展叶后，卵大多产在叶缘锯齿间或叶柄沟内。1头雌虫平均可产卵300余粒。卵期7～10天。在梨花蕾期，幼虫开始孵化，鸭梨落花期为孵化盛期，终花期若虫孵化达90%以上。

若虫孵化后多在嫩叶上为害，并逐渐分泌大量黏液将自身包被其中。5月上旬出现第1代成虫。成虫活泼善跳，产卵在叶片锯齿间或叶柄沟内。第2代成虫发生期在6月上旬至7月中旬，第3代在7月上旬至8月下旬，第4代在8月中旬，第5代在9月中下旬。9月以后发生的若虫，大多数不能发育到成虫期，冬季到来时常被冻死。由于各代成虫发生期不整齐，田间出现世代重叠现象，所以在整个生长季均能见到成虫和若虫。

4. 防治方法

(1) 人工防治：早春刮除树干上的老粗皮、翘皮，清理果园内的枯枝落叶和杂草，可消灭在此越冬的成虫。

(2) 农业防治：果树越冬前果园灌冻水，能淹死或冻死在落叶、杂草中越冬的成虫。

(3) 药剂防治：药剂防治的关键时期是越冬成虫出蛰期，在果树发芽前，选风和日丽的天气喷药，能消灭大部分成虫。常用药剂有99%机油乳剂80～100倍液，20%氰戊菊酯乳油3 000倍液，50%来福灵乳油3 000倍液。药剂防治的另一个有利时期是第1代若虫孵化期，即在梨落花达90%时喷药。常用药剂有20%灭扫利乳油2 000倍液，4.5%高效氯氰菊酯乳油3 000倍液，25%噻嗪酮可湿性粉剂1 500～2 000倍液，10%吡虫啉可湿性粉剂3 000倍液。夏季防治一般在若虫发生量大时喷药。

梨二叉蚜有翅蚜

梨二叉蚜若虫

十六、梨二叉蚜

梨二叉蚜 *Schizaphis piricola* 又叫梨蚜，属同翅目蚜科。我国各梨区都有分布，以辽宁、河北、河南、山东、山西等省梨区发生严重。只危害梨树叶片。

1. 为害状

梨二叉蚜只危害叶片，新梢顶端的叶片受害较重。被害叶向正面纵卷成筒状，皱缩。蚜虫潜伏其中为害繁殖。以后蚜虫即使离去，卷叶也不能再展开。

2. 形态特征

成虫：分有翅蚜和无翅蚜2种类型。无翅胎生雌蚜体长约2毫米，绿色或褐绿色，有时被白色蜡粉。腹管大，黑色。有翅胎生雌蚜体略小，长卵形，灰绿色。前翅中脉分2支。

卵：椭圆形，初产时黄绿色，后变为黑色，有光泽。

若虫：绿色，似无翅胎生雌蚜。

3. 发生规律

梨二叉蚜1年发生10余代，以卵在芽腋间、树皮缝隙内越冬。翌年春季梨花芽萌动期开始孵化。初孵若虫群集于芽鳞片露出的绿色和白色部位为害，花芽开绽后钻入芽内为害，展叶后群集叶片为害。被害叶片很快卷缩，新梢端部的叶片全部受害。在河北省中北部梨区，成虫于4月下旬至5月上旬大量胎生繁殖，为害最重。从5月上旬开始产生有翅蚜，5月中下旬迁飞至夏寄主上，5月底迁飞完毕。到10月份，有翅蚜又迁回梨树上继续为害，约在11月上旬开始产生有性蚜，雌雄蚜虫交尾后产卵。

4. 防治方法

(1) 人工防治：在蚜虫发生量大的年份，在梨树落花后大量卷叶初期，结合疏果，摘除被害嫩梢，可减少蚜虫在果园的传播。

(2) 药剂防治：喷药关键时期是梨树萌芽期。此时大部分若虫已经孵化，多集中在芽上为害，虫体易接触药剂。常用药剂有10%吡虫啉可湿性粉剂3 000倍液，50%抗蚜威可湿性粉剂2 000倍液。

十七、苹果小卷叶蛾

苹果小卷叶蛾 *Adoxophyes orana* 又叫棉褐带卷蛾，属鳞翅目卷蛾科。在我国除云南和西藏外，其他各果产区都有分布。寄主有苹果、梨、桃、李、杏、山楂等，是果树的一种主要害虫。

1. 为害状

以幼虫为害叶片和果实。幼虫卷叶为害，可吐丝将2～3片叶连缀一起，并在其中为害，将叶片吃成缺刻或网状。被害果的表面呈现形状不规则的小坑洼，尤其果、叶相贴时，受害较多。

苹果小卷叶蛾成虫

2. 形态特征

成虫：体长6～8毫米，翅展13～23毫米，淡棕色或黄褐色。触角丝状，与体同色。下唇须较长，向前延伸。前翅自前缘向后缘有2条深褐色斜纹，外侧的1条较内侧的细。后翅淡灰色。雄虫较雌虫体小，体色较淡，前翅前缘基部有前缘褶。

卵：扁平，椭圆形，淡黄色。数十粒排列成鱼鳞状卵块。

幼虫：体长13～15毫米。头和前胸背板淡黄色。幼龄幼虫淡绿色，老龄幼虫翠绿色。3龄以后的雄虫腹部第5节背面可透视到1对黄色性腺。臀栉6～8根。

蛹：体长9～11毫米，黄褐色。腹部第2～7节各节背面有2行小刺，后一行较前一行短小而密。臀栉8根。

3. 发生规律

苹果小卷叶蛾在各地的发生代数不同，在辽宁、河北、山西等地

1年发生3代，在济南、西安1年发生3～4代，在郑州1年发生4代，均以2龄幼虫在果树的剪锯口、树皮裂缝、翘皮下等隐蔽处结白色薄茧越冬，越冬幼虫于翌年果树发芽后出蛰，先爬到嫩芽、幼叶上取食，稍大后吐丝卷叶，有时将几个叶片连缀在一起，潜伏其中为害。

幼虫很活泼，触其卷叶，幼虫会从卷叶中爬出，吐丝下垂，也有转移危害的习性。老熟幼虫在卷叶内化蛹，羽化为成虫时，移动身体，头、胸部露在卷叶外，羽化为成虫后在卷叶内留下蛹皮，成虫白天很少活动，常静伏在树冠内膛遮荫处的叶面或叶背上，夜间活动。

成虫有较强的趋化性和微弱的趋光性，对糖醋液或果醋趋性甚烈，有取食糖蜜的习性，人工合成的苹果小卷叶蛾性外激素对雄成虫有明显的引诱活性，可用于成虫发生期监测。

成虫将卵产于叶面或果面较光滑处。卵排列成块状，每块卵有数十粒至百余粒。空气湿度对成虫产卵影响很大，干旱时不利于其产卵，幼虫孵化后，先在卵块附近的叶片上取食，不久便分散，幼虫主要危害叶片，有时也危害果实。幼虫危害果实时，只是啃食果皮或浅层果肉，不蛀果为害。幼虫喜欢在果叶贴在一起时为害果。

4. 防治方法

(1) 人工防治：早春刮除树干上和剪、锯口等处的翘皮，消灭其中的越冬幼虫。在果树生长季，发现卷叶后及时用手捏死其中的幼虫。

(2) 药剂防治：用50%敌敌畏乳剂200倍液涂抹剪、锯口，消灭其中的越冬幼虫。在越冬幼虫出蛰期和各代幼虫发生初期，选择下列农药喷雾防治：80%敌敌畏乳剂800倍液，50%辛硫磷乳油1 500倍液，50%杀螟硫磷乳油1 000倍液，48%毒死蜱乳油2 000倍液，52.5%农地乐乳油2 000倍液，2.5%溴氰菊酯乳油3 000倍液，4.5%高效氯氰菊酯乳油3 000倍液，30%桃小灵乳油2 000倍液，5%氟虫脲乳油1 000倍液，25%灭幼脲3号悬浮剂1 000倍液。预测幼虫发生期可采用棉褐带卷蛾性外激素监测成虫的方法。在诱捕器上出现成虫高峰后1～2天，即是幼虫孵化初期。诱捕器制作方法参考梨小食心虫。

(3) 生物防治：利用人工饲养的松毛虫赤眼蜂防治苹果小卷叶蛾具有很好的效果。方法是：在成虫产卵初期，在田间释放松毛虫赤眼蜂(一般是用即将羽化的赤眼蜂卵卡)，每5天释放1次，共放蜂4次。每667平方米地块放蜂约12万头。松毛虫赤跟蜂不仅可寄生于棉苹果小卷叶蛾卵，还可寄生于梨小食心虫和其他卷叶虫的卵内。

十八、梨星毛虫

梨星毛虫*Illiberis pruni*又叫梨叶斑蛾，属鳞翅目斑蛾科。在我国北方大部分果产区都有分布，在管理粗放的果园发生较重。受害严重的树，发芽、开花都会受到严重影响，叶片被害后会影响树体生长发育。寄主有梨、苹果、海棠、沙果、桃、李、杏、樱桃、山楂等果树。

1. 为害状

幼虫为害花芽时，可钻蛀其中，将其食空。被害芽变黑枯死，并有黄褐色汁液流出。低龄幼虫为害叶片时，取食叶肉，被害叶呈筛网状。大龄幼虫吐丝将叶片从边缘包成饺子状，在其中取食。被害叶变黑、枯焦，严重时脱落。

梨星毛虫幼虫

梨星毛虫成虫

梨星毛虫危害状

2. 形态特征

成虫：体长10～12毫米，灰黑色。雄虫触角双栉齿状，雌虫为锯齿状。翅黑色，半透明，翅面有细短毛，翅缘浓黑色。

卵：长约0.7毫米，扁椭圆形。初产时白色，近孵化时变为紫褐色。卵数十粒排列成块。

幼虫：初孵幼虫淡紫色。2～3龄的幼虫为灰黄色，背面有5条紫褐色纵线。老熟幼虫体长约18毫米，黄白色，纺锤形。头黑色，常缩入前胸内。体背线黑褐色，体两侧各有10个圆形黑斑，排成1列。

蛹：体长约12毫米，初化蛹时

黄白色，近羽化时为黑褐色。腹部第3～9节背面有1列刺突。

3. 发生规律

梨叶斑蛾在我国东北、华北地区1年发生1代，在中部和西部地区1年发生1～2代。在各地均以低龄幼虫在树干粗皮裂缝，翘皮下或树干周围的土缝里结茧越冬。春季梨树发芽时，越冬幼虫破茧而出，上树为害花芽，花芽开放后为害花蕾。被害芽大多被食空枯死。梨落花后，幼虫又转移到叶片上为害，把叶包成饺子状，在其中啃食叶肉，1头幼虫可为害6～8片叶。幼虫老熟后在包叶里结薄茧化蛹。蛹期约10天。

在陕西关中地区，越冬代成虫于5月下旬至6月中旬出现。成虫产卵发生第1代幼虫。这一代幼虫主要为害叶片，部分幼虫从6月下旬开始逐渐转移到越冬场所越夏和越冬；有一部分幼虫，长大后转移到新叶上包叶为害，并在包叶里化蛹。在8月上中旬发生第1代成虫。成虫产卵发生第2代幼虫。幼虫为害一段时间后，于9月至10月间陆续进入越冬场所越冬。

4. 防治方法

(1) 人工防治：结合果树冬剪，刮除树干上的老树皮，消灭越冬幼虫。

(2) 药剂防治：在越冬幼虫出蛰后(梨花芽开绽前)，往树上喷布50%辛硫磷乳油1 000倍液，或90%晶体敌百虫1 000倍液，或20%氰戊菊酯乳抽3 000倍液，或其他菊酯类杀虫剂，可有效消灭已经出蛰的越冬幼虫。在虫口密度大的情况下，在第1代幼虫发生初期喷药防治。在1年发生2代的地区，分别在第1代和第2代幼虫发生期喷药防治。使用的药剂及浓度与防治已经出蛰的越冬幼虫相同。

十九、黄刺蛾

黄刺蛾 *Cnidocampa flavescens*，幼虫俗称洋辣子，是为害果树的主要害虫，属鳞翅目刺蛾科。其身体上的枝刺含有毒物质，触及人体皮肤时，会发生红肿，疼痛难忍。全国各果产区几乎都有发生。其寄主范围很广，有苹果、梨、桃、李、杏、樱桃、枣、山楂、柿、核桃、板栗等果树。

1. 为害状

以幼虫为害叶片。低龄幼虫啃食叶片的表皮和叶肉，被害叶呈网状。幼虫长大后将叶片食成缺刻，有时仅残留叶柄，严重影响树势。

2. 形态特征

成虫：体长13～16毫米，翅展30～40毫米。体粗壮，鳞毛较厚。头、胸部黄色，复眼黑色。触角丝状，灰

黄刺蛾成虫

黄刺蛾蛹壳

黄刺蛾老熟幼虫

褐色。下唇须暗褐色，向上弯曲。前翅自顶角分别向后缘基部1/3处和臀角附近分出2条棕褐色细线，内侧线以内至翅基部黄色，并有2个深褐色斑点；中室以外及外侧线黄褐色。后翅淡黄褐色，边缘色较深。

卵：扁椭圆形，长约1.5毫米，表面具线纹。初产时黄白色，后变为黑褐色。常数十粒排列成不规则块状。

幼虫：初孵幼虫黄绿色。老熟时体长约25毫米。头小，淡褐色。胸部肥大，黄绿色。身体略呈长方形，体背面自前至后有1个前后宽、中间窄的大型紫褐色斑块，低龄幼虫的斑纹蓝绿色。各体节有4个枝刺，腹部第1节的枝刺最大。胸足极小，腹足退化。

蛹：椭圆形，粗而短，长约10毫米，黄褐色。

茧：灰白色，表面光滑，有几条长短不等或宽或窄的褐色纵纹，外形极似鸟蛋。

3. 发生规律

黄刺蛾在东北和华北地区1年发生1代，在山东1年发生1～2代，在河南、江苏、四川等地1年发生2代。以老熟幼虫在树干或枝条上结茧越冬。

在1年发生2代的地区，幼虫于5月上旬开始化蛹，5月下旬至6月上旬出现成虫。成虫发生盛期在6月中旬。成虫羽化后不久开始产卵，卵期平均7天，第1代幼虫发生期在6月中下旬至7月上中旬，老熟幼虫于枝条上结茧化蛹。一般情况下一处一茧，虫口密度大时，一处结茧2个以上。7月下旬始见第1代成虫。卵期平均4.5天，第2代幼虫在8月上中旬为害最重。8月下旬开始陆续结茧越冬。

在1年发生1代的地区，幼虫于6月上中旬化蛹，6月中旬至7月中旬为成虫发生盛期，幼虫发生期在7月中旬至8月下旬，8月下旬以后幼虫开始结茧越冬。

成虫飞翔力不强，白天多静伏在枝条或叶背面，夜间活动，有趋光性。羽化后不久即交尾，产卵。卵多产于叶背，排列成块，偶有单产。初孵幼虫有群集性，多聚集在叶背啃食下表皮和叶肉，留下上表皮，叶片呈网状。稍大后逐渐分散取食，将叶片食成孔洞或缺刻。5龄后的幼虫食量大增，常将叶片食光，仅剩叶柄和主脉。

4. 防治方法

(1) 人工防治：结合果树冬剪，彻底清除越冬虫茧。在幼虫发生量大的果园，还应在周围的防护林上清除虫茧。夏季结合果树管理，人工捕杀幼虫。

(2) 药剂防治：防治的关键时期是幼虫发生初期，可选择下列药剂喷雾：90%晶体敌百虫1 500倍液，50%辛硫磷乳油1 500倍液，80%敌敌畏乳油1 000倍液，25%灭幼脲3号悬浮剂1 000倍液，青虫菌粉剂800倍液，或各种拟除虫菊酯类杀虫剂。幼虫对药液比较敏感，只要及时防治，一般不会造成危害。

二十、褐边绿刺蛾

褐边绿刺蛾*Latoia cotlsosla*又叫青刺蛾，幼虫俗称洋辣子，属鳞翅目刺蛾科，是为害果树的主要刺蛾之一。在全国各地都有分布。

1. 为害状

以幼虫为害叶片。低龄幼虫啃食叶片的表皮和叶肉，被害叶呈网状。幼虫长大后将叶片食成缺刻，有时仅残留叶柄，严重影响树势。

2. 形态特征

成虫：体长15～16毫米，翅展约36毫米。头和胸部绿色，复

褐边绿刺蛾成虫

褐边绿刺蛾幼虫

眼黑色。触角褐色，雌虫触角丝状，雄虫触角基部2/3为短羽毛状。胸部中央有1条暗褐色背线。前翅大部分为绿色，基部暗褐色，外缘黄褐色，其上散布暗紫色鳞片，外缘线暗褐色，呈弧状。后翅和腹部灰黄色。

卵：椭圆形，扁平。初产时乳白色，渐变为黄绿色至淡黄色。数十粒排列成块状。

幼虫：老熟幼虫体长约25毫米，略呈长方形，圆筒状。初孵化时黄色，长大后变为绿色。头黄色，很小，常缩在前胸内。前胸盾片有2个横列黑斑。腹部背线蓝色，胴部第2节至末节每节有4个毛瘤，其上生1丛刚毛，第4节背面的1对毛瘤上各有3～6根红色刺毛，腹部末端的4个毛瘤上生有蓝黑色刚毛丛。腹面浅绿色。胸足小，无腹足，腹部第1～7节腹面中部各有1个扁圆形的吸盘。

蛹：椭圆形，肥大，长约15毫米，黄褐色。

茧：椭圆形，棕色或暗褐色，长约16毫米，似羊粪球状。

3. 发生规律

褐边绿刺蛾在东北和华北地区1年发生1代，在河南和长江下游地区1年发生2代，在江西1年发生2代或3代。在1年发生1代的地区，越冬幼虫于5月中下旬开始化蛹，6月上中旬羽化成虫。成虫昼伏夜出，有趋光性，产卵于叶背近主脉处，卵粒排列成鱼鳞状卵块。卵期7天左右。

幼虫在6月中下旬开始孵化，有群集性。低龄幼虫在叶背取食下表皮和叶肉，剩下上表皮，叶片呈网状。4龄以后的幼虫逐渐分散，食量增大，常将叶片食光，只剩主脉和叶柄，并能迁移到邻近的树上为害。8月为害最重，8月下旬至9月下旬幼虫陆续老熟入土结茧越冬。

4. 防治方法

(1) 人工防治：幼虫发生量大时，可在树干周围的土中挖茧，以消灭越冬幼虫。在果树生长期，在幼虫未分散时进行人工捕杀。

(2) 药剂防治：防治的关键时期是从幼虫孵化初期到分散为害前。使用的药剂及浓度参考黄刺蛾。

二十一、扁刺蛾

扁刺蛾*Thosea sinensis*又叫黑点刺蛾，属鳞翅目刺蛾科，是为害果树的主要刺蛾之一。在我国各果产区都有分布。

1. 为害状

以幼虫为害叶片。低龄幼虫啃食叶片的表皮和叶肉，被害叶呈网状。幼虫长大后将叶片吃成缺刻，有时仅残留叶柄，严重影响树势。

扁刺蛾幼虫危害状

扁刺蛾成虫

2. 形态特征

成虫：雌虫体长13～18毫米，翅展28～35毫米；雄虫体长10～15毫米，翅展26～31毫米。体暗灰褐色，复眼灰色。触角羽毛状。前翅自前缘至后缘有1条向内倾斜的褐色条纹，中室上角有1个不太明显的黑点。

卵：长椭圆形，扁平，表面光滑，长约1毫米。初产时淡黄色，近孵化时变为灰褐色。

幼虫：老熟幼虫体长21～26毫米，浅绿色。身体扁平，背部稍隆起，形似龟背状，背线灰白色。体两侧边缘各有10个肉瘤状突起，上生刺毛，每节背面有2丛小刺毛。第4节背面两侧各有1个红点。

蛹：纺锤形，黄褐色，前端肥钝，后端略细，长10～15毫米。

茧：椭圆形，暗褐色，长12～16毫米，似雀蛋。

3. 发生规律

扁刺蛾在我国北方1年发生1代，以老熟幼虫在树干周围3～6厘米深的土中结茧越冬。在北方果区，越冬幼虫于翌年5月中旬化蛹，6月上旬羽化成虫，成虫发生盛期在6月中下旬至7月上中旬。成虫昼伏夜出，有趋光性。羽化后不久即交尾，约2天后产卵。卵多散产于叶面。每头雌虫产卵45～50粒，卵期约7天。初孵幼虫行动迟缓，极少取食，2天后蜕皮。蜕皮后的幼虫先在叶面取食叶肉，残留下表皮。

7～8天后，幼虫开始分散为害，取食整个叶片。一般从叶尖开始取食，将叶片吃成齐茬，最后只剩叶柄。幼虫为害盛期在8月。

老熟幼虫于9月上旬开始下树入土结茧，入土的深度和距树干的远近与树干周围的土壤质地有关。在黏土中入土部位浅，且距树干远，茧比较分散；在腐殖质土和砂壤土中入土部位深，距树干近，而且较密集。

4. 防治方法

(1) 人工防治：利用幼虫下树在土中结茧越冬并对土壤质地有选择的习性，在春季挖出虫茧，能有效地减少虫源。

(2) 药剂防治：防治的关键时期是幼虫孵化后分散为害前。使用的药剂及浓度参考“黄刺蛾”。

二十二、舟形毛虫

舟形毛虫 *Phalera flavescens* 又叫苹掌舟蛾，俗称秋粘虫，属鳞翅目舟蛾科。国内除新疆和西藏外，其他各果产区都有分布。寄主有苹果、梨、桃、李、杏、樱桃、山楂、梅、枇杷等。

1. 为害状

以幼虫为害叶片，常将叶片食光，造成二次开花，严重影响树势。初孵幼虫仅取食叶片上表皮和叶肉，残留下表皮和叶脉，被害叶片呈网状。2龄幼虫开始为害叶片，仅剩叶脉，3龄以后可将叶片全部吃光，仅剩叶柄。

舟形毛虫成虫

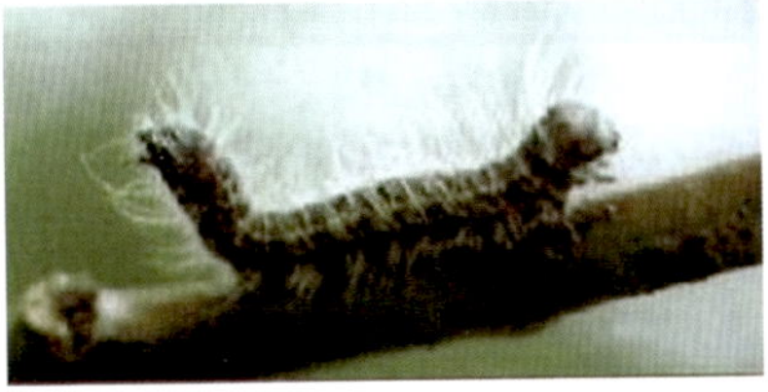

舟形毛虫幼虫

2. 形态特征

成虫：体长22～25毫米，翅展49～52毫米。翅淡黄白色，复眼黑色。触角丝状，浅褐色。前翅淡黄白色，近基部中央有1个银灰色和紫褐色各半的椭圆形斑，另有6个颜色、大小相似的椭圆形斑横向排列于前翅外缘，翅面上的横线浅褐色。后翅淡黄白色，外缘颜色稍深。

卵：近圆球形，直径约1毫米。初产时淡绿色，近孵化时变为灰褐色。

幼虫：初孵幼虫浅红褐色，2龄以后呈红褐色，随虫龄增大，颜色加深。老熟幼虫变为紫褐色，体长约50毫米，头黑褐色，有光泽。全身生有黄白色细长软毛。静止时头、尾翘起，形似小船，故称舟形毛虫。

蛹：长约23毫米，紫黑色。腹部末端有6根短刺。

3. 发生规律

舟形毛虫1年发生1代，以蛹在土中越冬。在华北、山东和东北南部地区，成虫于6月下旬开始羽化、出土，发生盛期在7月下旬至8月上旬。雨后土壤湿润有利于成虫出土。成虫白天静伏在树叶上或杂草丛中，傍晚开始活动，有趋光性。羽化后数小时至数日交尾，1～3天后产卵。产卵盛期在8月中旬。卵多产在树冠中下部枝条的叶片背面，数十粒或百余粒排列成块状。卵期10天左右。幼虫于7月中旬出现，8月中下旬是幼虫为害盛期。低龄幼虫群集叶背，头朝向叶缘，排列整齐，取食叶片，遇振动则吐丝下垂。幼虫稍大后即分散取食，白天群集在枝条或叶片上，不食不动，头尾翘起。老熟幼虫不吐丝下垂，受震动亦不落地。幼虫期1个月左右。3龄以前的幼虫食量较小，4龄以后食量大增，常将叶片食光。幼虫有群体转移到新枝条上为害的习性。

老熟幼虫约在9月下旬沿树干爬下入土，准备化蛹越冬。越冬蛹多聚集在一起，一般为6～7头，以树干周围0.5～1米处最多，入土深度多在4～8厘米。在表土坚硬的情况下，幼虫不易入土，则潜伏在杂草、落叶、土块下等隐蔽处化蛹越冬。

4. 防治方法

(1) 人工防治：早春翻树盘，将在土中越冬的蛹翻于地表，可被鸟啄食或被风吹干。在幼虫分散前，及时剪掉有幼虫群集的叶片，或震动树枝，趁幼虫吐丝下垂之机收集起来，集中消灭。

(2) 药剂防治：防治的关键时期是3龄幼虫以前。可选择下列任何一种农药喷雾：80%敌敌畏乳油1 000倍液，90%晶体敌百虫1 500倍液，50%杀螟硫磷乳油1 000倍液，20%氰戊菊酯乳油1 500倍液，25%灭幼脲3号悬浮剂2 000倍液，青虫菌粉剂800倍液。幼虫对药液比较敏感，只要及时防治，就不会造成危害。

二十三、天幕毛虫

天幕毛虫*Malacosoma neustria testacea*又叫黄褐天幕毛虫，俗称春粘虫、顶针虫等，属鳞翅目枯叶蛾科。在北方果区普遍发生。寄主有梨、苹果、桃、李、杏、樱桃、梅等果树及杨、柳等林木。

1. 为害状

低龄幼虫吐丝结网，群集网幕中取食叶片。大龄幼虫分散危害，被害叶最初呈网状，以后呈现缺刻或只剩叶脉或叶柄。

天幕毛虫成虫及产卵

天幕毛虫幼虫

2. 形态特征

成虫：雌雄虫差异很大。雌虫体长18～20毫米，翅展约40毫米，黄褐色。触角锯齿状。前翅中央有1条赤褐色斜宽带，两边各有1条米黄色细线。雄虫体长约17毫米，翅展约32毫米，黄白色。触角双栉齿状。前翅有2条紫褐色斜线，其间色泽比翅基和翅端部淡。

卵：圆柱形，灰白色，高约1.3毫米。200～300粒紧密粘结在一起，环绕在小枝上，呈“顶针”状。

幼虫：低龄幼虫身体和头部均为黑色，4龄以后头部呈蓝黑色。老熟幼虫体长50～60毫米，背线黄白色，两侧有橙黄色和黑色相间的条纹，各节背面有黑色毛瘤数个，其上生有许多黄白色的长毛。腹部暗灰色。

蛹：初期黄褐色，后期变为黑褐色，体长17～20毫米。化蛹于黄白色丝质茧中。

3. 发生规律

天幕毛虫1年发生1代，以完成胚胎发育的幼虫在卵壳内越冬。第2年果树发芽后幼虫从卵壳里爬出，出壳期比较整齐，大部分集中在3～5天内。出壳后的幼虫先在卵块附近的嫩叶上为害。半月后转移到小枝分杈处吐丝结网，白天潜伏网中，夜间出来取食，随着幼虫的生长，网幕逐渐增大，4龄以后的幼虫，逐渐离开网幕，分散为害。离开网幕的幼虫遇振动即吐丝下坠。这时的幼虫食量剧增，常将叶片食光。

幼虫约于5月底老熟，多在叶背或树干附近的杂草上结茧化蛹，也有在树皮缝隙、墙角、屋檐下吐丝结茧化蛹者。蛹期12天左右。成虫发生盛期在6月中旬。

成虫羽化后即可交尾、产卵。每头雌虫产卵480粒左右，卵多产于当年生枝条上。成虫昼伏夜出，有趋光性。黄褐天幕毛虫的寄生性天敌主要有寄生蝇和寄生蜂，以寄生于其卵的黑卵蜂寄生率较高。

4．防治方法

(1) 人工防治：在果树冬剪时，注意剪掉小枝上的卵块，集中烧毁。春幼虫在树上结的网幕显而易见，在幼虫分散前及时捕杀。对分散以后的幼虫可震树捕杀。

(2) 药剂防治：防治的关键时期是幼虫出壳后和分散为害以前。使用药剂有：90%晶体敌百虫1 000倍液，50%辛硫磷乳油1 000倍液，50%杀螟硫磷乳油1 000倍液，80%敌敌畏乳油1 000倍液，20%氰戊菊酯乳油1 500倍液，25%灭幼脲3号悬浮剂2 000倍液，青虫菌粉剂800倍液。

二十四、盗毒蛾

盗毒蛾*Porthesia simillis*又叫金毛虫，属鳞翅目毒蛾科。在我国大部分果区都有分布。寄主有梨、苹果、桃、李、杏、樱桃、山楂、梅等果树和杨、柳等林木。

1．为害状

低龄幼虫取食叶片下表皮和叶肉，仅剩上表皮和叶脉，被害叶呈网状。大龄幼虫取食整叶，被害叶出现缺刻，有时仅剩主脉和叶柄。

盗毒蛾幼虫及危害状

盗毒蛾幼虫

盗毒蛾成虫

2. 形态特征

成虫：白色。雌虫体长18～20毫米，翅展35～45毫米；雄虫体长14～16毫米，翅展30～40毫米。复眼球形，黑褐色。触角羽毛状，雄虫较雌虫发达。前翅后缘近臀角处和近基部各有1个褐色至黑褐色斑纹，有的个体斑纹仅剩1个或全部消失。腹部末端有金黄色毛丛，雌虫的腹部较雄虫肥大。

卵：扁圆形，直径0.6～0.7毫米。初期为橘黄色或淡黄色，以后颜色逐渐变深，孵化前变为黑色。

幼虫：老熟幼虫体长约40毫米。头黑褐色，身体杏黄色，背线红色。前胸背面两侧各有1个红色毛瘤，体背各节有1对黑色毛瘤，其上生有褐色或白色细毛。腹部第1、2节中间的2个毛瘤合并成带状毛块。

蛹：长约13毫米，长圆筒形，黄褐色至褐色，体被黄褐色稀疏绒毛。

茧：淡黄色至土黄色，丝质，较松散，其上被少量幼虫的体毛。

3. 发生规律

盗毒蛾在我国北方果区1年发生2代，以幼龄幼虫在枝干粗皮裂缝或枯叶内结薄茧越冬。在华北地区，幼虫于4月下旬开始出蛰，首先为害花芽，然后为害叶片。5月下旬至6月上旬，幼虫老熟后在树皮缝隙内或卷叶吐丝结茧化蛹，6月下旬出现成虫。成虫白天多静伏于叶片上或枝条上，夜间活动，有趋光性，羽化后不久即交尾、产卵。卵多产于叶背或枝干上，数十粒聚集在一起呈块状，其上被有黄色絮状绒毛，卵期7天左右。

幼虫孵化后群集叶片上取食叶肉，2龄以后的幼虫开始分散为害。幼虫为害至7月中旬左右，老熟后化蛹。7月下旬至8月上旬发生第1代成虫，成虫交尾后产卵。幼虫孵化后仍为害叶片，约在10月初，幼虫生长至3龄左右时寻找适当场所，吐丝结薄茧越冬。

4. 防治方法

(1) 人工防治：结合果树冬剪，刮除树干上的粗皮，清除枯枝落叶，以消灭在此越冬的幼虫。

(2) 药剂防治：防治的关键时期是春季越冬幼虫出蛰后和当年幼虫孵化期。可选择下列药剂喷雾：90%晶体敌百虫1 500倍液，50%敌敌畏乳油800～1 000倍液，50%辛硫磷乳油1 500倍液，20%氰戊菊酯乳油1 500倍液，25%灭幼脲3号悬浮剂2 000倍液，青虫菌粉剂800倍液，或其他菊酯类农药。

二十五、美国白蛾

美国白蛾*Hyphantria cunea*属鳞翅目灯蛾科，原分布于美国和加拿大，1979年在我国辽宁省丹东地区首次发现，目前已分布到多个省份。美国白蛾食性很杂，寄主范围广。据国外报道，寄主植物达300种以上，国内初步调查也有100余种。苹果、梨、杏、李、樱桃、山楂、海棠等果树都是其主要寄主植物。美国白蛾是国内外重要的检疫对象。

美国白蛾幼虫危害状

1. 为害状

低龄幼虫群集为害，并吐丝结网，在网内取食叶肉，残留表皮。网幕随幼虫龄期增长而扩大，长的可达1.5米以上。4龄后的幼虫分散为害，不再结网。因大龄幼虫食量大，2～3天就可将整株叶片吃光。

美国白蛾产卵状

2. 形态特征

成虫：体长12～17毫米，翅展30～40毫米，白色。雄虫触角双栉齿状，黑色，越冬代成虫前翅上有较多的黑色斑点，第1代成虫翅面

美国白蛾成虫

美国白蛾幼虫

美国白蛾天敌——周氏啮小蜂

上的斑点较少。雌虫触角锯齿状，前翅翅面很少有斑点。

卵：近球形，直径约0.6毫米。初产时淡黄绿色，近孵化时变为灰褐色。常数百粒成块产于叶片背面。单层排列。

幼虫：老熟幼虫体长28～35毫米。体色变化较大，有红头型和黑头型之分，我国仅有黑头型。头黑色具光泽，胸、腹部为黄绿色至灰黑色，背部两侧线之间有1条灰褐色至灰黑色宽纵带，背中线、气门上线、气门下线为黄色。背部毛瘤黑色，体侧毛瘤为橙黄色，毛瘤上生有白色长毛。

蛹：体长8～15毫米，暗红色，中央有纵向隆脊，臀棘8～17根。

3. 发生规律

美国白蛾在我国东北1年发生2代，在华北、山东、安徽及以南地区1年发生2～3代。以蛹在枯枝落叶、墙缝、表土层、树洞等处越冬。

第2年5月上旬出现成虫。第1代幼虫发生期在6月中旬至7月下旬，盛期在7月中下旬。这一代的虫口数量不大，从8月上旬开始出现第1代成虫。多在17～23时羽化，清晨5时前后交配，产卵于叶片背面，每个卵块有卵300～500粒，每头雌虫最高产卵量可达2 000粒。卵期约7天。

幼虫发生期在8月中旬至9月中旬。这一代幼虫数量明显增加。幼虫孵化后不久即吐丝结网，群集网内为害。4龄后的幼虫分散为害，幼虫期35～42天。幼虫耐饥力很强，龄期越大，耐饥时间越长。7龄幼虫耐饥饿时间最长可达15天。幼虫老熟后下树寻找适宜场所结薄茧化蛹越冬。在幼虫数量大时，将树木叶片食光后还可转移到大田取食玉米等作物。

4. 防治方法

(1) 人工防治：在幼虫发生期，低龄幼虫结网为害，很容易被发现。要经常巡回检查果园和果园周围的林地，发现幼虫网幕后摘除烧毁。

(2) 药剂防治：在幼虫发生期喷洒25%灭幼脲3号悬浮剂1 000～1 500倍液，或青虫苗6号粉剂1 000倍液，杀灭幼虫效果很好，且对捕食性和寄生性天敌安全；或选择喷洒50%杀螟硫磷乳油1 000倍液，或50%辛硫磷乳油1 500倍液，或90%晶体敌百虫乳油800～1 000倍液，或拟除虫菊酯类杀虫剂。

(3) 加强检疫：美国白蛾以不同虫态附着在苗木、木材、水果及包装物上通过运输工具进行远距离传播。为防止进一步扩散蔓延，首先要划定疫区，设立防护带。严禁从疫区调出苗木。一旦从疫区调入苗木，要严格进行检疫，发现有美国白蛾要彻底销毁。

二十六、梨剑纹夜蛾

梨剑纹夜蛾*Acronicta rumicis Linnaeus*属鳞翅目夜蛾科。在我国各果产区都有分布。寄主有梨、苹果、桃、李、杏、梅、山楂等果树以及杨、柳等林木，还可危害大豆、蔬菜等农作物。在管理粗放的果园发生较多。

1. 为害状

以幼虫为害叶片。幼虫将叶片食成孔洞或缺刻，甚至将叶脉食掉，仅留叶柄。

梨剑纹夜蛾幼虫

梨剑纹夜蛾老熟幼虫

2. 形态特征

成虫：体长约14毫米，头、胸部棕灰色，腹部背面浅灰色带棕褐色。前翅有4条横线，基部2条颜色较深，外缘有1列黑斑，翅脉中室内有1个圆形斑，边缘色深。后翅棕黄色至暗褐色，缘毛灰白色。

卵：半球形，乳白色，渐变为赤褐色。

幼虫：体长约33毫米，头黑色，体褐色至暗褐色，具大理石样花纹，背面有1列黑斑，中央有橘红色点。各节毛瘤较大，其上生有褐色长毛。

蛹：体长约16毫米，黑褐色。

3. 发生规律

梨剑纹夜蛾1年发生3代，以蛹在土中越冬。越冬代成虫于第2年5月份羽化，成虫有趋光性和趋化性，产卵于叶背或芽上。卵排列成块状，卵期9～10天。

6月至7月间为幼虫发生期，初孵幼虫先吃掉卵壳，再取食嫩叶。幼虫早期群集取食，后期分散危害。6月中旬即有幼虫老熟，老熟幼虫在叶片上吐丝结黄色薄茧化蛹。蛹期10天左右。

第1代成虫在6月下旬发生，仍产卵于叶片上。卵期约7天，幼虫孵化后为害叶片。8月上旬出现第2代成虫，9月中旬幼虫老熟后入土结茧化蛹。

4. 防治方法

(1) 人工防治：早春翻树盘，消灭越冬蛹。在成虫发生期，用糖醋液或黑光灯诱杀成虫。

(2) 药剂防治：防治的关键时期是各代幼虫发生初期，可选用50%杀螟硫磷乳油、50%辛硫磷乳油1 000～1 500倍液，80%敌敌畏乳油1 000倍液，或20%氰戊菊酯乳油2 000倍液，或其他除虫菊酯类杀虫剂喷雾。

二十七、山楂叶螨

山楂叶螨 *Tetranychus vinnensis* 又叫山楂红蜘蛛，属蛛形纲蜱螨目叶螨科。在我国北方及中南各果区都有发生，在东北南部、华北及其以南地区发生严重。寄主植物主要有苹果、梨、桃、李、杏、樱桃等果树。

1. 危害状

以成螨、若螨、幼螨刺吸梨树的芽、叶、果的汁液，叶受害初呈现很多失绿小斑点，渐扩大连片。严重时叶片枯焦早落，消弱树势赏。芽受害后，发芽迟而且弱；果实受害后，果实生长缓慢，果实畸形，影响果实外观。

2. 形态特征

成螨：雌成螨椭圆形，长约0.54毫米，宽约0.28毫米，深红色。体背前端稍隆起，后部有横向的去皮纹。刚毛较长，基部无瘤状突起。足4对，淡黄色。冬型雌成螨鲜红色，夏型雌成螨初期为红色，后逐渐变为深红色。雄成螨体长约0.43毫米，末端尖削，初期浅黄绿色，后变为浅绿色，体背两侧各有1个大黑斑。

山楂叶螨

幼螨和若螨：幼螨初孵化时为圆形，黄白色，取食后呈浅绿色，3对足。若螨4对足，前期体背开始出现刚毛，两侧逐渐出现明显的黑绿色斑纹。后期可区分雌雄。

卵：圆球形，淡黄色。

3. 发生规律

山楂叶螨1年发生6～10代，以受精雌成螨在果树主干，主枝的翘皮下或缝隙内越冬。在果树萌芽期，越冬雌成螨开始出蛰，鸭梨盛花期是出蛰盛期。出蛰后的雌成螨爬到花芽上取食为害，有时1个花芽上有多头害螨。受害花蕾变黑，不能开放。梨树落花后，成螨在叶片背面为害，并产卵繁殖。

在河北梨区，4月中旬为产卵盛期，4月中下旬出现第1代幼螨，5月上旬(梨树盛花后1个月左右)为幼螨孵化盛期，这一代发生期比较整齐，以后各代出现世代重叠现象。6月至7月高温干旱的季节适于叶螨发生，虫口数量增加很快，并逐渐向树冠外围扩散，为全年为害高峰期。进入8月，雨量增多，湿度增大，加上害螨天敌的影响，害螨数量有所下降，为害随之减轻。一般在8月下旬至9月上旬就有越冬型雌成螨发生，到10月，害螨几乎全部越冬。

4. 防治方法

(1) 人工防治：在秋季害螨越冬前，在树干中下部绑草把，诱集成螨在此越冬，在冬季或翌年早春解下烧掉，消灭在此越冬的雌成螨。结合果树冬剪，刮除树干或主枝上的翘皮，消灭在此越冬的成螨。

(2) 农业防治：加强栽培管理，增施有机肥，避免偏施氮肥，以提高果树的耐害性。

(3) 保护自然天敌：果园内自然天敌种类很多，在喷药少的果园，天敌对控制害螨为害起着重要的作用。保护天敌的最好方法是不用高毒和剧毒农药，尽量减少喷药次数。有条件的地方，还可以释放捕食螨。

(4) 药剂防治：药剂防治的关键时期在果树萌芽期和第1代若螨发生期(果树落花后)。

常用药剂有50%硫悬浮剂200～400倍液(果树萌芽期)，20%螨死净(四螨嗪)悬浮剂3 000倍液，15%哒螨灵乳油2 000倍液，1%阿维菌素乳油4 000倍液。如果在这个时期防治效果不好，在6月中旬以前要注意及时喷药防治，以压低虫口密度。常用杀螨剂有15%哒螨灵乳油2 000倍液，10%浏阳霉素乳油1 000倍液，20%螨死净悬浮剂2 000倍液，1.8%阿维菌素乳油或其复配剂3 000～4 000倍液。

二十八、二斑叶螨

二斑叶螨*Tetranychus ulticae*又叫白蜘蛛，属蛛形纲蜱螨目叶螨科。二斑叶螨是20世纪80年代中期从国外传入我国的新害螨，目前在我国大部分落叶果树栽培区几乎都有分布。寄主植物有苹果、梨、桃、李、杏、樱桃等果树，以及多种花卉、蔬菜、豆类等，多达200余种。

1. 为害状

以成螨和若螨为害叶片。被害叶片初期仅在中脉附近出现失绿斑点，后逐渐扩大，出现大面积失绿斑。虫口密度大时，叶螨可吐丝拉网，成螨将卵产于丝网上，受害严重的叶片枯黄，提前脱落。

二斑叶螨雌成螨

二斑叶螨

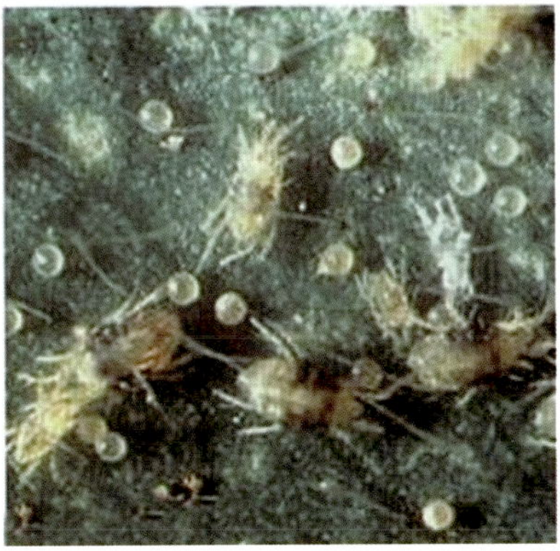
二斑叶螨及危害状

2. 形态特征

成螨：雌成螨椭圆形，长约0.5毫米，灰绿色或黄绿色。体背两侧各有1个褐色斑块，斑块外侧呈不明显的分裂。越冬型雌成螨体色为橙黄色，褐斑消失。雄成螨体呈菱形，长约0.3毫米，黄绿色或淡黄色。

卵：圆球形，直径约0.1毫米。初期为白色，逐渐变为淡黄色，有光泽。孵化前出现2个红色眼点。

幼螨和若螨：幼螨半球形，黄白色，复眼红色，3对足。若螨椭圆形，黄绿色，体背显现褐斑，4对足。

3. 发生规律

二斑叶螨1年发生10余代。以雌成螨在树干翘皮下、粗皮缝隙、杂草、落叶及土缝内越冬。春季当日平均温度上升到10℃时，越冬雌成螨开始出蛰。出蛰后的雌成螨先在花芽上取食为害，成熟后开始产卵繁殖。成螨产卵于叶片背面。幼螨孵化后即可刺吸叶片汁液。在6月以前，害螨在树冠内膛为害和繁殖。在树下越冬的雌成螨出蛰后先在杂草或果树根蘖上为害繁殖，6月以后，逐渐向树上转移。从7月开始，害螨逐渐向树冠外围扩散，繁殖速度加快。在螨口密度大时，成螨可大量吐丝，并借此进行传播。由于害螨在夏季高温季节繁殖速度快，经常出现世代重叠现象，故在夏季能看到各个虫态。到8月下旬，害螨的天敌增多，对其发生有一定影响。到10月，雌成螨开始越冬。

4. 防治方法

(1) 农业防治：及时清除果园杂草，并将锄下的杂草深埋或带出果园，可消灭杂草上的害螨。

(2) 生物防治：在果园种植紫花苜蓿或三叶草，能够蓄积大量害螨的天敌，可有效控制害螨的发生。

(3) 药剂防治：①在果树萌芽期(害螨出蛰期)，喷布50%硫悬浮剂300倍液，或1.8%阿维菌素乳油3 000～4 000倍液，或20%三唑锡悬浮剂1 000～2 000倍液，或25%倍乐霸(三唑锡)可湿性粉剂1 000～2 000倍液，在喷布树冠的同时，也要注意将药液喷于树干和由根颈处萌生的根蘖上。②在果树生长期，由于害螨有世代重叠现象，所以喷药时要根据各虫态多少选择药剂。在以卵为主的情况下，选择杀卵活性高的杀螨剂，如5%尼索朗乳油1 000～2 000倍液，20%螨死净悬浮剂2 000倍液；在以成螨为主发生的情况下，可选用1.8%阿维菌素乳油3 000～4 000倍液，25%倍乐霸可湿性粉剂或20%三唑锡悬浮剂1 000～2 000倍液，15%哒螨灵乳油2 000倍液，5%霸螨灵(唑螨酯)乳油2 500倍液，10%浏阳霉素乳油1 000倍液，或用与这些杀螨剂复配而成的混剂。

二十九、果苔螨

果苔螨*Bryobia rubrioculus*又叫苜蓿红蜘蛛，属蛛形纲蜱螨目叶螨科。在我国东北、华北等地均有分布。寄主有苹果、梨、桃、李、杏、樱桃等果树。花芽受害后不能正常开放。叶片受害后，功能减退。幼果受害后生长受阻。

1. 为害状

若螨和成螨均可危害花芽和叶片，还可危害幼果。花芽受害后枯黄变色，严重时枯死。叶片受害初期，出现失绿斑点，受害严重时变得苍白，但不脱落。幼果受害后干硬。

2. 形态特征

成螨：雌螨体长约0.6毫米，宽约0.45毫米，椭圆形，体扁平，前

果苔螨越冬孵化

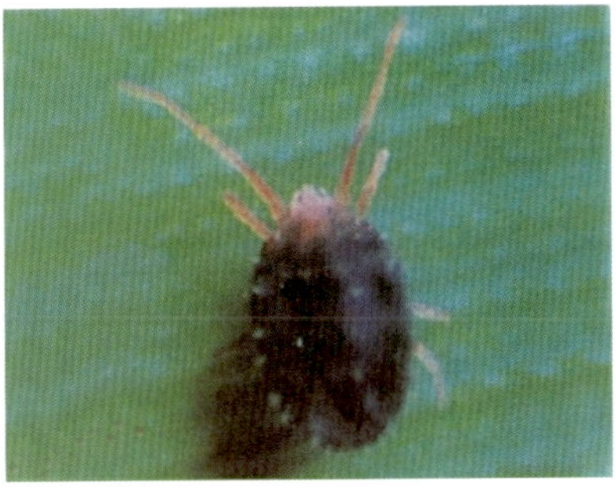

果苔螨成螨

部背面前缘有4个明显的前额突起，其上各生1根刚毛，体背有横向波状皱纹，表面具有一些圆形小颗粒。第1对足长于身体，故也称“长腿红蜘蛛”。体红褐色，取食后变深绿色。无雄螨。

卵：圆球形，表面光滑。夏卵红色，越冬卵暗红色。

幼螨和若螨：幼螨初为橘红色，取食后变为绿色，3对足。若螨初为褐色，取食后变为绿色，4对足。

3. 发生规律

果苔螨在北方1年发生3~5代，在山东1年最多可发生7代，在陕西关中1年发生4~6代，在江苏1年发生8~10代。以卵在枝条阴面、枝条裂皮缝、枝杈、果台等处越冬。春季日平均温度达7℃以上时，越冬卵开始孵化。在陕西关中地区，4月中旬就可出现成螨，并开始出现第1代卵，这时还有一部分越冬卵尚未孵化，是造成世代重叠的主要原因。在河北昌黎，越冬代成螨于5月中下旬发生，6月至7月是全年发生的最盛期，危害也最重。

成螨比较活泼，多集中在叶正面为害，并常在叶和果枝上爬行，产卵于叶柄、果枝、果台和果实萼洼等处。幼、若螨常集中在叶片基部为害，并在叶柄和主脉凹陷处静止蜕皮，发生量大时，叶片上常见有白色螨蜕和静止若螨。无吐丝习性。

4. 防治方法

(1) 越冬卵孵化期防治：在果树发芽前，选喷99.1%敌死虫乳油、99%绿颖乳油100倍液，或95%机油乳剂80倍液，或1~3波美度石硫合剂。花芽萌动后至开花前喷40%乐果乳剂1 500倍液，或0.5波美度石硫合剂。

(2) 夏季防治：使用药剂参考“山楂叶螨”。

三十、梨潜皮细蛾

梨潜皮细蛾*Acrocercops astaurota*又叫梨潜皮蛾，属鳞翅目细蛾科。在我国分布比较普遍，是为害果树枝、干表皮的常见害虫。寄主植物有梨、苹果、李、海棠和栗等果树。

1. 为害状

受害果树生长发育不良，一般情况下不会引起枝干死亡，但为病虫提供了良好的越冬场所。梨潜皮细蛾幼虫潜入枝干表皮下为害，蛀食成不规则的弯曲虫道。受害处树皮粗糙，表皮易破裂、剥离。

果苔螨危害状

2. 形态特征

成虫：体长4～5毫米。头部白色，复眼红褐色至黑色。触角丝状，基半部白色，端半部褐色。胸部背面和前翅均为白色，前翅有5条浅褐色横带。后翅灰褐色。前后翅缘毛较长，灰褐色。

卵：长约0.1毫米，扁椭圆形，半透明，背面有网状纹。

幼虫：初孵幼虫体扁平，头部黄褐色，身体乳白色。胸部较腹部宽大，腹部第1节收缩窄小，其余各节两侧有齿状突。老龄幼虫体圆筒形、稍扁，胸部和腹部前面各节宽度相近。腹足退化。

蛹：长5～6毫米。初期为浅黄色，近羽化时变为黄褐色。

茧：丝质，黄褐色，长约9毫米。

3. 发生规律

梨潜皮细蛾在东北地区1年发生1代，在华北和西北地区1年发生2代，均以幼虫在被害枝、干表皮下越冬。

在山东胶东地区，越冬幼虫于3月至4月开始活动，6月中旬至7月中旬出现越冬代成虫，8月中旬至9月中下旬发生第1代成虫。在陕西关中地区，越冬幼虫于3月下旬至4月上旬开始活动，6月中下旬出现越冬代成虫，8月中旬至9月上旬发生第1代成虫。

越冬幼虫开始活动后，在越冬部位继续取食为害。幼虫老熟后，多在危害处做薄茧化蛹。蛹期18～28天。羽化后成虫夜间活动，白天静伏在枝叶上，在枝条上产卵，1～3年生枝上着卵量较多。

卵多产于表皮光滑、茸毛较少的部位。卵期5～7天，幼虫孵化后直接蛀入表皮下取食，蛀成弯曲线状的虫道，随虫龄增大，虫道也逐渐加宽，有时虫道弯曲合并连片，致使被害处大块表皮爆裂、剥离。在1年发生2代的地区，第1代幼虫老熟后在蛀道内化蛹。羽化后成虫继续产卵。幼虫孵化后为害一段时间，约于10月下旬开始越冬。

4. 防治方法

(1)人工防治：结合春季刮树皮，消灭在枝干上越冬的幼虫。

(2)药剂防治：在成虫发生期，往树上喷药可消灭成虫和卵。常用药剂有50%杀螟硫磷乳油1 000倍液，20%氰戊菊酯乳油2 000倍液。在成虫发生严重的果园，第1次喷药后7～10天再喷1次。

三十一、梨瘿蛾

梨瘿蛾*Sinitinea pyrigalla*又叫梨瘤华蛾，属鳞翅目华蛾科。在我国大部分梨区都有分布，以辽宁、河北、山东、山西、陕西等省梨区发生普遍。

1. 为害状

幼虫蛀入当年生枝条木质部内为害，被害处膨大，形成瘤状虫瘿。发生严重时，1个枝条上有几个虫瘿连成1串，似糖葫芦。

梨瘿蛾危害状

2. 形态特征

成虫：体长5～6毫米，翅展约15毫米，灰褐色。下唇须很长，似镰刀状。前翅有2条黑褐色纵条纹。后翅灰褐色。前后翅缘毛很长。

卵：圆柱形，高约0.5毫米。初产时为橙黄色，近孵化时变为棕黑色。

幼虫：初孵幼虫乳白色。老熟幼虫体长7～8毫米。头小，浅红色。胸部和腹部肥大乳白色，被有黄白色细毛。

蛹：黄褐色，体长5～6毫米，腹部末端腹面有2个向前弯曲的钩状突起。

3. 发生规律

梨瘿蛾1年发生1代，以蛹在虫瘿内越冬。第2年梨树花芽膨大期，成虫开始羽化，花芽开绽前为成虫羽化盛期。成虫多在下午活动，晴天无风的傍晚比较活跃，绕树飞舞，交尾产卵。卵散产于小枝粗皮、短果枝的叶痕皱褶和旧虫瘿的裂缝，以及芽缝隙等处。

在河北省中部梨区，产卵始期在3月中旬，盛期在3月下旬，末期在3月底。卵期18～20天。梨树新梢开始生长后，幼虫孵化。初孵幼虫爬到新梢上蛀入木质部，蛀孔处附近的叶片变黄，不久即脱落。以后，被害部位逐渐膨大，形成虫瘿。

幼虫在虫瘿内取食，并排泄于虫瘿内。到9月中下旬，幼虫老熟。老熟幼虫化蛹前由虫瘿内向外咬1个羽化孔，然后在其中化蛹越冬。化蛹盛期在10月下旬。

4. 防治方法

(1) 人工防治：结合果树冬剪，彻底剪除虫瘿枝，将剪下的虫枝收集在一起烧毁。在虫枝量很大时，一次剪除有时会影响树势，可进行疏剪，连续几年，可基本控制其为害。

(2) 药剂防治：防治的关键时期是成虫发生盛期和幼虫孵化期。常用药剂有40%乐果乳油1 000倍液，80%敌敌畏乳油1 000倍液，或用拟除虫菊酯类杀虫剂。

金纹细蛾幼虫

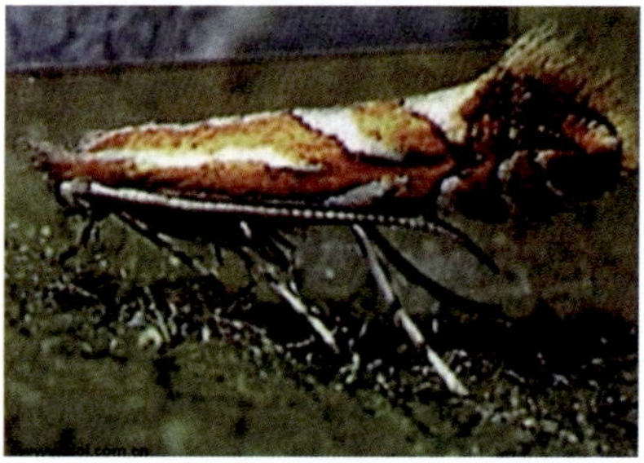

金纹细蛾成虫

三十二、金纹细蛾

金纹细蛾 *Lithocolletis ringoniella* 又叫苹果细蛾，属鳞翅目细蛾科。在我国大部分果产区都有分布。寄主有梨，苹果、海棠、山荆子、李等果树。

1. 为害状

幼虫潜入叶内取食叶肉。被害叶背面形成椭圆形虫斑，表皮皱缩，叶片正面拱起，呈筛网状。虫斑内有黑色虫粪。虫斑常发生在叶片边缘，严重时布满整个叶片。

金纹细蛾危害状

2. 形态特征

成虫：体长2.5～3毫米，翅展6.5～7毫米，全身金黄色，其上有银白色细纹。头部银白色，顶端有2丛金黄色鳞毛。复眼黑色。前翅金黄色，自基部至中部中央有1条银白色剑状纹，翅端前缘有4条、后缘有

3条银白色纹，呈放射状排列。后翅披针形，缘毛很长。

卵：扁椭圆形，乳白色，半透明，有光泽。

幼虫：体长约6毫米，细纺锤形，稍扁，各体节分节明显。幼龄时淡黄绿色，老熟后变为黄色。

3. 发生规律

金纹细蛾在辽宁、山东、河北、山西、陕西等地1年发生5代，在河南省中部地区1年发生6代。以蛹在被害叶片中越冬。第2年梨树发芽时出现成虫。在辽宁省果产区，越冬代成虫发生始期在4月中旬，4月下旬为发生盛期。成虫多在早晨和傍晚前后活动，有趋光性，常在树冠下部飞舞和交尾，产卵于嫩叶背面，单粒散产。幼虫孵化后从卵与叶片接触处咬破卵壳，直接蛀入叶内为害。幼虫一生在被害叶片内生活，老熟后在虫斑内化蛹。

成虫羽化时将蛹壳一半露出虫斑外面。雄成虫对人工合成的性外激素趋性很强，可用于成虫发生期监测。以后各代成虫发生盛期为：第1代在5月下旬至6月上旬，第2代在7月上旬，第3代在8月上旬，第四代在9月中下旬。最后一代的幼虫于10月中下旬在被害叶的虫斑内化蛹越冬。

4. 防治方法

(1) 人工防治：结合果树冬剪，清除枯枝落叶，集中烧毁，消灭越冬蛹。

(2) 药剂防治：防治的关键时期是各代成虫发生盛期。在第1代成虫盛发期(6月上中旬)喷药，防治效果优于后期防治。常用药剂有50%辛硫磷乳油1 000倍液，80%敌敌畏乳油800倍液，25%灭幼脲3号悬浮剂1 500倍液，20%氰戊菊酯乳油2 000倍液或其他菊酯类杀虫剂。可采用金纹细蛾性外激素诱捕器监测成虫发生期，诱捕器制作方法参考“梨小食心虫”。

(3)生物防治：金纹细蛾的寄生性天敌很多，其中以金纹细蛾跳小蜂数量最多，金纹细蛾跳小蜂发生代数和发生时期与金纹细蛾相吻合。产卵于寄主卵内、为卵和幼虫体内的寄生蜂，应加以保护和利用。

三十三、梨金缘吉丁虫

梨金缘吉丁虫*Lampra lirnbata*又叫梨吉丁虫，属鞘翅目吉丁虫科。分布于东北，华北、西北地区及长江流域，在长江流域和黄河故道及陕西发生较重。主要寄主有梨、杏、苹果和山楂等果树。

1. 为害状

幼虫在枝干的韧皮部和木质部之间蛀食。被害处外表组织变褐，蛀道内充满褐色虫粪和木屑，输导组织受到破坏，树势衰弱，严重时导致枝干枯死。

梨金缘吉丁幼虫

梨金缘吉丁成虫

梨金缘吉丁虫危害状

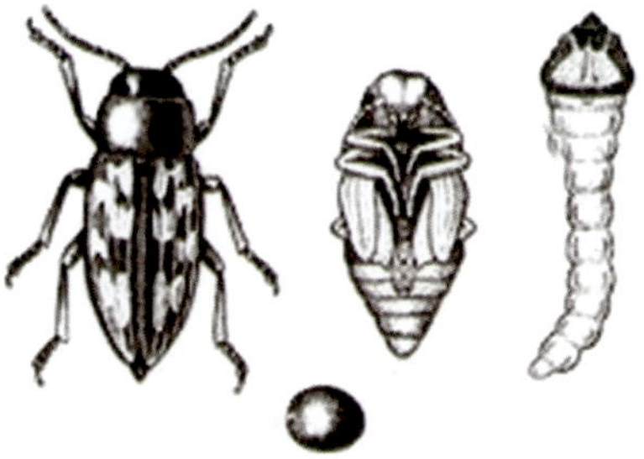

梨金缘吉丁虫不同虫态
从左至右：成虫、卵、蛹、幼虫

2. 形态特征

成虫：体长16～18毫米，宽约6毫米。翠绿色，前胸背板及鞘翅外缘红色，有金属光泽。头部额面有租刻点，中央呈倒“Y”字形隆起。触角11节，黑色，锯齿状。前胸背板密布细刻点，中间宽，外缘弧形，背面有5条蓝色纵线纹，中间的粗而明显，两侧的较细。小盾片扁梯形。鞘翅上有10余条纵沟，中间的较明显。翅端锯齿状。

卵：椭圆形，长约1.5毫米，宽约0.8毫米，初产时乳白色，以后渐变为黄褐色。

幼虫：初孵幼虫乳白色。老熟幼虫黄白色，体长30～60毫米，头赤褐色，无足。前胸膨大，背板中部有一个“人”字形凹纹。

蛹：裸蛹，黄白色，长约14毫米，宽约8毫米。

3. 发生规律

梨金缘吉丁虫1年发生的代数因地区不同而异。在南方1年发生1代，在北方2年完成1代。以不同龄期的幼虫在被害处越冬。第2年春季，幼虫继续在被害处取食危害。老熟幼虫于4月中旬在蛀道内化蛹。4月下旬羽化成虫。5月下旬为羽化盛期。在气温较低的情况下，羽化后的成虫暂不出洞，当气温合适时才出来活动。成虫取食叶片和嫩枝以补充营养，遇低温阴雨天气以及早晚时常静伏叶上，遇振动即下坠落地，有假死习性。成虫在5月底开始产卵，卵产于枝干翘皮下或伤口处。每头雌成虫可产卵20～100粒。幼虫孵化盛期在6月上中旬。初孵幼虫先在皮层蛀食，随龄期增大，逐渐蛀入形成层，并出现弯曲的蛀道，其间塞满虫粪和木屑。幼虫为害至秋季，便在蛀道内越冬。

4. 防治方法

(1) 人工防治：①加强栽培管理，增强树势，避免造成伤口，能提高树体的抗虫性和耐害力。②结合冬季刮树皮，刮除在树皮浅层为害的幼虫。③利用成虫的假死习性，在成虫发生期于早晨实行人工捕杀。④在幼虫发生期，发现有幼虫为害状时，用刀及时挖出其中的幼虫。

(2) 药剂防治：在成虫发生期，用80%敌敌畏乳油，1 000倍液喷雾，可消灭成虫。在虫口密度不大的情况下，可在防治其他害虫时兼治。

三十四、梨茎蜂

梨茎蜂*Janus piri*俗称折梢虫，属膜翅目茎蜂科。我国大部分梨区都有分布，管理粗放的梨园发生较重。受害严重的梨树，大部分新梢被折断，生长受到影响。幼树受害后，影响树冠的早期形成。

1. 为害状

当新梢生长至6～7厘米时，成虫用锯状产卵器将新梢顶端锯断，仅剩皮层与枝相连，新梢萎蔫下垂，不久干枯脱落，形成枝橛。成虫在断梢部位以下约1厘米处产卵于皮层组织内，外表留下明显的小黑点。幼虫在被害梢内蛀食。

梨茎蜂成虫

梨茎蜂幼虫及危害状

2. 形态特征

成虫：体长7～10毫米，翅展13～16毫米，体黑色，有光泽。触角丝状，黑色。口器、前胸背板后缘、中胸侧板、后胸两侧及后胸背板后缘均为黄色。翅透明，翅脉黑褐色。足黄褐色，基节基部、腿节基部和跗节均为褐色。雌虫产卵器锯状。

卵：长椭圆形，白色，半透明，略弯曲。

幼虫：初孵幼虫乳白色。老熟幼虫白色，体长8～11毫米，身体略扁。头淡褐色，头、胸部略向下弯，尾端上翘。胸足极小，无腹足。

蛹：裸蛹，长约10毫米，初期为乳白色，渐变为黑色。

3. 发生规律

梨茎蜂1年发生1代，以老熟幼虫或蛹在2年生枝条内越冬。在河北梨区，越冬幼虫于3月中旬化蛹。于4月上中旬羽化为成虫，羽化盛期在4月下旬。成虫白天活动，在树冠下部群飞。当果树新梢生长到6厘米以上时，成虫开始产卵，果树盛花后5天左右为成虫产卵盛期。

成虫产卵期比较集中，一般为4～5天。成虫产卵时用锯状产卵器将嫩梢锯断，将产卵器插入断口下方韧皮部和木质部之间产卵1粒。卵期约10天。幼虫于4月中下旬孵化。幼虫沿新梢髓部向下蛀食，将粪便排泄于蛀道内。约在5月下旬，幼虫蛀食到2年生枝条附近，6月中旬几乎全部蛀食到2年生枝内。此时幼虫已经老熟，调转身体，头部向上，做茧休眠。

4. 防治方法

(1) 人工防治：在成虫发生期，发现有成虫产卵的新梢，及时剪掉。在折断部位以下3.5厘米处剪梢为宜。

(2) 药剂防治：药剂防治的关键时期是成虫发生期。常用药剂有48%毒死蜱乳油2 000～3 000倍液，80%敌敌畏乳油1 500倍液，或拟除虫菊酯类杀虫剂。

(3) 悬挂粘虫板防治：由于梨茎蜂每年均在梨树开花期出蛰危害，可悬挂粘虫板加以防治。悬挂粘虫板操作方法是，在梨树初花期前，将黄色双面粘虫板（规格20厘米×30厘米）悬挂于离地1.5～2.0米高的枝条上，每亩均匀悬挂12 块，利用粘虫板的黄色光波引诱成虫，使其被粘住致死，每块粘虫板可粘杀成虫1 000 余头。悬挂期间要根据粘杀情况，及时更换粘虫板，大面积成片集中悬挂，效果更佳。另外，此方法还可作为虫情监测手段之一，指导田间喷药防治。

朝鲜球坚蚧成虫

三十五、朝鲜球坚蜡蚧

朝鲜球坚蜡蚧 *Didesmococcus koreanus* 又叫杏球蚧或桃球蚧，属同翅目蜡蚧科。全国各果产区都有分布。寄主植物有苹果、梨、桃、李、杏、樱桃等果树。

朝鲜球坚蜡蚧蛹

1. 为害状

以若虫和雌成虫为害枝条。初孵若虫还可爬到小枝、叶片或果实上为害，2 龄以后的若虫群集固定在枝条上吸食汁液，随着若虫的生长，虫体逐渐膨大，并分泌蜡壳。被害树生长不良，树势衰弱。

朝鲜球坚蚧若虫

朝鲜球坚蚧

2. 形态特征

成虫：雌成虫无翅，介壳半球形，横径约4.5毫米，高约3.5毫米。初期的介壳质软，黄褐色；后期硬化，呈红褐色至紫褐色，表面有明显皱纹，有2列凹陷的小刻点。雄成虫有1对翅，透明，翅脉简单。头部赤褐色。腹部淡褐色，末端有1对尾毛和1根性刺。介壳长椭圆形，背面有龟甲状隆起

卵：椭圆形，长约0.3毫米，橙黄色。近孵化时显出红色眼点。

若虫：长椭圆形，初孵化时红色，越冬若虫椭圆形，背上有龟甲状纹，浓褐色。足和触角均发达。

蛹：仅雄虫有蛹。裸蛹，长约1.8毫米，赤褐色，腹部末端有黄褐色刺突。蛹外包被长椭圆形茧。

3. 发生规律

朝鲜球坚蜡蚧1年发生1代，以2龄若虫在枝条裂缝和芽痕处越冬。翌年3月上旬开始活动，群集在枝条上为害。4月上旬，虫体固定，逐渐膨大，并排泄黏液。4月中旬，雌雄虫体分化明显，雄虫分泌蜡质做茧，化蛹其中。雌虫继续为害。4月下旬至5月上旬，雄成虫羽化并与雌成虫交尾。交尾后的雌成虫身体迅速膨大，5月中旬前后为产卵盛期，卵产于雌成虫介壳下面。5月下旬至6月上旬为若虫孵化盛期。

初孵若虫从母体介壳中爬出，分散到小枝条上为害，以2年生枝条上较多。虫体上常分泌白色蜡质绒毛。果树落叶前，若虫转移到枝条上，以叶痕和缝隙处较多。这时若虫生长很慢，越冬前蜕1次皮，10月中旬以后，以2龄若虫在其分泌的蜡质内越冬。

4. 防治方法

(1) 人工防治：在成虫产卵前，用抹布或戴上劳动布手套将枝条上的雌虫介壳捋掉。

(2) 药剂防治：在果树发芽前喷药，可防治越冬若虫。常用药剂有5波美度石硫合剂、高浓缩机油·石硫乳剂300倍，5%柴油乳剂，99.1%敌死虫乳油50～80倍液。果树生长期喷药的关键时期是若虫孵化期。常用药剂0.3～0.5波美度石硫合剂，80%敌敌畏乳油1 000倍液，合成洗衣粉300倍液，2.5%溴氰菊酯乳油2 500倍液，48%毒死蜱乳油2 000倍液，52.5%农地乐乳油2 000倍液，25%噻嗪酮可湿性粉剂1 000倍液。

三十六、草履蚧

草履蚧 *Drosica corpulenta* 又叫草履硕蚧，属同翅目硕蚧科。全国各果产区都有分布。寄主有梨、苹果、桃、李、杏、核桃等果树和柳树等林木。

1. 为害状

以雌成虫和若虫刺吸树体汁液。被害树主干和主枝上常密布大量雌成虫和若虫，后期虫体分泌白色絮状物。被害树树势衰弱，叶片生长不良，严重时早期落叶。

草履蚧危害状

2. 形态特征

成虫：雌雄异型。雌虫扁椭圆形，似鞋底状，长约10毫米，无翅，灰褐色或灰红色，背面隆起，有横皱褶和纵沟，被白色蜡粉。头龟甲状，口器针状，位于腹面两足之间。触角短小，略呈丝状。雄虫体长约5毫米，翅展约10毫米。头、胸部黑色，触角念珠状，各节着生细毛。有1对翅，黑色。腹部紫黑色。

卵：椭圆形，长约1.2毫米，淡黄色，产于卵囊内。卵囊为白色絮状物，长椭圆形。

若虫：与雌成虫相似，惟体小，色较深。

蛹：仅雄虫有蛹。圆筒形，长约5毫米，褐色。外被有絮状物。

3. 发生规律

草履硕蚧1年发生1代，以卵和初孵若虫在树干基部的土里越冬。越冬卵在1月至2月孵化，初孵若虫暂时栖息在卵囊内，果树发芽时上树为害，为害盛期在4月至5月。

若虫群集在树皮缝、树枝分杈处为害，第1次蜕皮后开始分泌灰白色蜡质物和黏液。雄虫老熟后在树皮缝或土缝处结茧化蛹，于5月中下旬至6月下旬羽化为成虫。成虫交尾后雄虫死亡。雌成虫继续为害至6月下旬，再陆续下树钻入树干周围5～10厘米深的土缝中，分泌絮状物做卵囊，产卵其中。以卵在卵囊内越夏、越冬。

4. 防治方法

（1）人工防治：在树干基部堆土，可阻止若虫出土。在树干基部绑塑料薄膜，不留缝隙，可阻止若虫上树。

（2）药剂防治：在果树发芽前若虫开始上树时，喷洒5波美度石硫合剂。在果树生长期，可喷布80%敌敌畏乳抽1 000倍液，或20%氰戊菊酯乳油3 000倍液。在5月若虫为害期，在树干上距地面40厘米处刮去10厘米宽的1圈老皮，用40%乐果乳油和水按1∶2的比例配成药液，涂于刮皮处，涂药后用塑料薄膜包扎好，能杀死树干上的若虫。

(3) 保护利用天敌：草履硕蚧的主要天敌有黑缘红瓢虫、龟纹瓢虫等。避免在这些天敌活动盛期喷药。

三十七、大青叶蝉

大青叶蝉 *Tettigela viridis* 俗称浮尘子，属同翅目叶蝉科。全国各地均有分布。寄主有梨、苹果，桃、李、杏等多种果树和林木。成虫产卵时以其锯状产卵器刺破枝条表皮，产卵其中，造成枝条失水而枯死。幼树受害较重。

1. 为害状

成虫用产卵器刺破枝条表皮，产卵处呈月牙状翘起。卵粒排列整齐。被害严重时，枝条遍体鳞伤。经冬季低温和春季干旱，枝条失水，导致抽条。1～3 年生枝条受害较重。

2. 形态特征

大青叶蝉秋季上树产卵

大青叶蝉成虫

成虫：体长7.5～10毫米，头黄褐色，头顶有 2 个黑点，触角刚毛状。前胸前缘黄绿色，其余部分深绿色。前翅绿色，革质，尖端透明。后翅黑褐色，折叠于前翅下面。身体腹面和足黄色。

卵：长卵形，稍弯曲，长约1.6毫米，乳白色。

若虫：幼龄若虫体灰白色。3龄以后变为黄绿色，出现翅芽。老龄若虫似成虫，但无翅，体长约7毫米。

3. 发生规律

大青叶蝉1年发生3代，以卵在枝条表皮下的组织内越冬，翌年 4 月份孵化为若虫。若虫孵化后即转移到农作物和杂草上为害，在这些寄主上繁殖 2 代。第 3 代若虫为害晚秋作物和蔬菜，夏季一般不为害果树。到 9 月下旬，成虫飞向秋菜园为害，到 10 月中下旬飞向果园，在果树枝条上产卵。果园间作白菜、萝卜、胡萝卜、甘薯等多汁作物时，果树受害就重。如果及早将这些作物收获或清除，果树受害就会明显减轻。杂草丛生的果园，果树受害也重。

4. 防治方法

(1) 人工防治：成虫产卵前在幼树主干上刷白涂剂，可阻止成虫产卵。及时清除果园杂草，最好是在杂草种子成熟前翻于树下作肥料。

(2) 农业防治：避免在幼树园间作大白菜、萝卜、胡萝卜、甘薯等多汁晚熟作物，如果间作这些作物时，应在9月底以前收获。

(3) 药剂防治：虫害发生数量大时，于10月上中旬成虫产卵前或产卵初期喷药防治成虫。除在树上喷药外，还应在树行间的杂草上喷药。常用药剂有20%氰戊菊酯乳油2 000倍液，80%敌敌畏乳油1 000倍液，50%辛硫磷乳油1 000倍液。

第三章

梨园病虫害综合防治技术措施

一、1～2月梨园病虫害综合防治

1.病虫害发生特点：病菌在树体、病枝和病芽上越冬，害虫在粗翘皮内、虫枝和虫芽、土壤中越冬，发育阶段较一致，居所集中稳定，便于消灭；树体叶片脱落，处于休眠状态，抗药性强，易于采取措施，为消灭病虫害初侵染源的关键时期。

2.防治重点：土壤中、粗翘皮内的越冬害虫和树体上越冬的病菌。

3.综合防治措施：

(1) 刮树皮消灭在粗翘皮内的越冬害虫(梨叶斑蛾、梨小食心虫、花壮异蝽、山楂叶螨等)和清除在树体上越冬的病菌(梨轮纹病、梨树腐烂病等)。

(2) 结合冬季修剪，剪除各种越冬病虫枝和病虫芽。刮下的树皮和修剪下的病虫枝带出园外集中烧毁。

(3) 结合施肥进行果园耕翻或刨树盘，消灭在土中越冬的害虫。

(4) 刮治梨腐烂病病斑：刮后涂30%腐烂敌100倍或843康复剂原液等，以防病疤复发。对于易烂到木质部的品种，采用削去病皮或用尖刀顺病疤纵向划道方法(间隔5毫米左右)，深度达病斑下活树皮，之后涂上述药剂。

二、3月梨园病虫害综合防治

1.病虫害发生特点：各种病虫害从越冬场所转向为害部位，并随气温和土壤温度的逐渐提高，病虫为害逐步加重。

2.防治重点：梨黑星病、梨炭疽病、梨木虱、梨瘿蚊等。

3.综合防治措施：

(1) 萌芽前全园喷1次5波美度石硫合剂或1：2：200～240倍式波尔多液或45%代森铵水剂300倍液加4.5%高效氯氰菊脂乳油1 000倍液，消灭枝干粗皮、翘皮、裂缝中越冬的中国梨木虱、蚜虫类、蚧壳虫类等害虫及病残体中越冬的梨轮纹病、梨炭疽病等病害。

(2) 芽鳞片松动时树体及时喷1次80%络合态代森锰锌可湿性粉剂600～800倍液，或50%克菌丹可湿性粉剂600倍液加1.8%阿维菌素乳油3 000倍液，或4.5%高效氯氰菊脂乳油1 000倍液，重点防治在芽鳞片中越冬的梨黑星病和越冬出蛰的中国梨木虱成虫。

(3) 梨瘿蚊、金龟子、草履蚧发生严重时，3月下旬地面喷洒48%毒死蜱乳油800倍液。

三、4月梨园病虫害综合防治

1. 病虫害发生特点：4月上旬梨树进入谢花期，病虫除在开花前发生的外，还有瘿螨、锈螨类、梨小食心虫、花网蝽。4月中下旬梨树进入新梢伸长期，梨黑星病、黑斑病、轮纹病、蚜虫、梨小食心虫、吉丁虫、梨茎蜂、梨星毛虫、梨木虱等的为害逐步加剧。

2. 防治重点：梨黑星病、黑斑病、轮纹病、梨蚜虫类、梨小食心虫、吉丁虫、梨茎蜂、梨星毛虫、梨木虱等。

3. 综合防治措施：

(1) 4月上旬3/4花谢时，喷布25%粉锈宁2 000倍液、80%大生M－45 800倍液、菊酯类2 000倍液、12.5%阿维哒螨1 500倍液、3%虱蚜威1 000倍液，防治梨黑星病、炭疽病、梨蚜类、梨瘿蚊等。

(2) 4月中下旬喷12.5%速保利2 000倍液、或70%甲基托布津800倍液、混合25%吡虫啉4 000～6 000倍液、20%木虱净2 000倍液，防治黑星病、黑斑病、轮纹病、蚜虫、梨小食心虫、吉丁虫、梨茎蜂、梨星毛虫、梨木虱等。

(3) 及时查找并剪除梨黑星病、梨茎蜂、梨蚜虫类、梨星毛虫等为害叶、果、梢，集中烧毁或深埋。

(4) 人工捕杀茶翅蝽、天牛类成虫、金龟子等。

(5) 刮除梨轮纹病、梨腐烂病等枝干病斑，并刷上3～5波美度石硫合剂或1∶1∶0.5∶30的石灰、食盐、动物油、水配制的涂白剂。

四、5月梨园病虫害综合防治

1. 病虫害发生特点：5月上旬梨树进入幼果膨大期，此期间发生的病虫除除与4月中下旬相同外，还有梨园蚧、康氏粉蚧、桑白蚧。5月中下旬梨树进入幼果膨大期，发生的主要病虫为梨蚜、梨大、梨木虱、螨类、梨小食心虫、星毛虫、吉丁虫、天牛、刺蛾、黑星病、黑斑病、轮纹病、褐斑病等。

2. 防治重点：4月下旬至5月上中旬为防治梨木虱和各种病害的关

键时期。

3.综合防治措施：

(1) 5月上旬喷80%大生M－45 800～1 000倍液，或70%甲基托布津800倍液、或80%新万生600～800倍液、或12%绿菌灵800倍液、混合25%吡虫啉4 000～6 000倍液、12.5%阿维哒螨1 500倍液、菊酯类2 000倍液。

(2) 夏季修剪，及时剪除伤口枝、徒长枝、直立枝、过密枝、细弱枝、病虫枝和适时摘除郁处受光差，尤其是附于果面的叶片。

(3) 园中套种辣椒、向日葵等诱杀茶翅蝽。

(4) 树上悬挂樟脑丸等趋避剂趋逐茶翅蝽等害虫。

(5) 果实套袋。蚧壳虫发生重时，喷48%毒死稗1 000倍液、或40%速扑杀1 000倍液。

(6) 5月中下旬喷50%多菌灵500倍液、20%虫螨净1 500倍液、2.5%木虱净1 500倍液、或3%虱蚜威1 000倍液、或40%速扑杀1 000倍液、或48%乐斯本1 000倍液、80%大生M－45 800倍液，可防治梨蚜、梨大食心虫、梨木虱、螨类、梨小食心虫、星毛虫、吉丁虫、天牛、刺蛾、黑星病、黑斑病、轮纹病、褐斑病等。

五、6月梨园病虫害综合防治

1.病虫害发生特点：6月上中旬梨树新梢停止生长，6月下旬梨树进入果实膨大期，此期间天气闷热，高温高湿，有利病菌传播蔓延和再侵染，害虫繁殖迅速，各种为害梢叶和果实的病虫害进入发生盛期。

2.防治重点：梨炭疽病、梨轮纹病、吸果夜蛾、中国梨木虱等。

3.综合防治措施：

(1) 6月上中旬喷80%代森锰锌或80%新万生800～1 000倍液、3%虱蚜威1 000倍液，混合5.7%百树菊酯2 000倍液，防治对象同5月中下旬。

(2) 6月下旬喷70%甲基托布津800倍液、2.5%功夫菊酯或5.7%百树菊酯1 500～2 500倍液、48%乐斯本1 000倍液、或40%速扑杀1 000倍液，防治对象同5月中下旬。

(3) 园中悬挂性诱剂、糖醋液诱杀桃小食心虫、吸果夜蛾等。

(4) 人工捕杀、钩杀金龟子、天牛等。

(5) 摘除、捡除树上、地面病虫果。